别想太多

做好这些小事

突然就不焦虑了

[日] 和田秀树 著

凌文桦 译

天地出版社 | TIANDI PRESS

我们可以这么认为：事物皆有两面性

如果只看事物"好的一面"，生活就变得轻松简单了

也许你觉得自己缺乏勇气和决断力，可从另一面来看的话，我们可以认为这样的性格是"逢事谨慎，深思熟虑"。

当然"自说自话，一意孤行"这种行为我们可以理解为"具有独立的一面"，我们或许也可以把"有原则的附和"理解为"善于应变，懂得察言观色"。

总而言之，事物兼具两面性，既有好的一面，也有不好的一面。

当世态人情不太稳定的时候，"不好的一面"很容易诱发我们身上潜藏的一些负面的、悲观的情绪。正因为这种时候我们容易深陷负面情绪，所以我们才应该记住事物皆有两面性。

当极度不安的时候，我们不妨试着从另一个角度来思考眼前的状况，或许会有不同的看法。如此一来，我们就不会过于紧张不安，反而能逐渐平静下来。

电视看得太多反而会不舒服

越看新闻，越增加焦虑

你是否有过这样的感觉？在看新闻的时候，总是看到一些不太好的事情。

如果你有这样的感觉，也并非什么错觉。众所周知，若是日常的新闻报道都无法引人注目的话，那么它就失去作为新闻的重要元素了。因此新闻通常会选择容易煽动人情感或是耸人听闻的事件来报道。

当然这并不是新闻制作者要恶意引起观众们的不良情绪，只是在选择素材信息时，为了提升收视率或阅读量，自然而然地就选择了那些耸人听闻的事件。

如果能明确素材选择背后的真相，那么我们就能冷静判断出新闻报道的某些让你焦虑的事件，在现实生活中发生的概率其实是极低的。

为什么会害怕低概率的风险呢？

是否对低概率的风险感到害怕呢?

使人陷入焦虑的因素有很多很多,但是又没办法消灭焦虑的源头。若是将所有的焦虑都想象成现实的话,那确实连出门都会觉得十分可怕。

就像这漫画所说的,不论是无差别杀人事件还是入室盗窃案件,现实生活中的确会发生,但是如果把这些都假想成自己将要面临的危险的话,那就太可怕了。

我们若是将这些引起焦虑的事件现实化的话,就能发现风险现实化的概率其实有高有低。

知道风险现实化的概率后,我们就能根据风险概率采取相应的措施。对于低概率的风险,我们不必过度害怕,只需全力以赴规避高概率风险就好。

即便焦虑也有可做之事

只要心存焦虑与不安，现状就不会好转

如今我们生活在一个日新月异的时代，有着很多不确定性。这其实对我们的生活有一定的影响，有不少人就像漫画中的公司职员一样，对自己的未来充满了负面悲观的想法，并因此感到焦虑恐慌。

其实只要我们活着，不论选择什么道路，都不可能一帆风顺，毫无风险，而且一旦我们陷入焦虑的情绪中，状况就不会有任何好的改变。

所以，我决定不再急于剔除焦虑，而是试着思考在感到焦虑的时候能做些什么事情，并付诸实践。

只要愿意行动，就会有希望。意愿与行动相结合，在将来某一天很可能会帮到自己。因此做出行动并不会有任何损失。

卷首语　不要被焦虑带偏了

焦虑这种情绪，其实挺棘手的。

无论遇到转账欺诈事件，还是遇到黑心企业让你持续过劳工作，都会让你滋生出焦虑来。

我们也可以这么认为：与其他情绪比较，焦虑带来的伤害远大于其他情绪带来的伤害。

2020年因新型冠状病毒扩散，人类社会发生了大混乱。

日本在2020年7月至8月进行的调查结果显示，对新型冠状病毒感染人数增多产生焦虑的日本人竟然高达69%。

死亡人数很多、感染人数远多于日本的国家里，意大利有焦虑情绪的民众占50%，美国则有51%的民众为此焦虑。

通过这些数字的对比，我们明显能看出日本人对于新型冠状病毒有着更加强烈的焦虑与不安（根据麦肯世界集团全球调查问卷第6次调查）。

对新型冠状病毒疫情产生过度焦虑且控制外出的结果是，不少民众罹患了抑郁症，有的人甚至选择自杀。仅2020年10月，日本自杀的人数就比上一年增加了600人以上。此外，罹患运动器官综合症^①（长卧不起，需要介护^②的运动器官病症。高龄者易患此病的风险已经成为一大问题）的人也开始剧增。

因为人们对新型冠状病毒感到焦虑，医院方也采取了一定的措施，最明显的措施就是限制病患在医院诊断，其结果是患有糖尿病等其他旧疾的患者病情恶化。有关人士指出，这样的做法极具危险性，因为很有可能导致癌症恶化被忽视。

我作为精神科医生，为因新型冠状病毒而患抑郁症人数的增加敲响了警钟，但是患者面临这样的困境，却几乎没办法到医院诊断就医。

---

① 运动器官综合症：日本骨科学会在2007年提出的概念，指老人的"运动器官"功能出现障碍，造成站立、行走等行动功能下降的状态。（如无特殊说明，本书注释均为译者注）
② 介护：在日本，介护是指以照顾日常生活起居为基础、为独立生活有困难者提供帮助。如为老人烧饭、洗衣、洗澡、看病等。

像上述这般，仅关注新型冠状病毒感染的焦虑产生的后果就是忽略了其他风险。其利害关系在现实生活中正一点一点地体现出来。

○学习森田疗法，学会如何面对焦虑

首先，我们应该冷静下来，看清楚"什么是真正值得焦虑的"才是关键所在，然后找到合适的解决方法并付诸行动。

事实上，在精神疗法领域，有一位叫作森田正马（1874—1938年）的精神科医生曾提倡过这种方法。

森田正马创立的森田疗法并非要控制焦虑这种情绪，而是要注意对焦虑这种情绪的态度以及采取的行动，然后再探讨如何治疗。

因此我们可以考虑一下，我们真正的目标是什么。

例如，对于厌恶自己动不动就会脸红的人，森田会问："你为什么讨厌脸红呢？"

患者回答道："因为脸红会被旁人讨厌。"森田会告诉他："如果没有人讨厌你的话，即使脸红也没关系是吧？世间有人喜欢脸红的人，也有人讨厌动不动就脸红的人，所以你不需要纠结自己脸红的问题，而是要考虑如何让周围的人喜欢你。"

也就是说，当我们知道真正的目标后，要找到达成目标的方法，并付诸行动。

我认为这种想法也适用于因新型冠状病毒疫情引发的焦虑。

如果过于追求不被新型冠状病毒感染而损害自我身心健康，就显得有些本末倒置了。

如果真正的目标是"健康生活"，那我们应努力到户外散散步，避免运动不足，提高免疫力，并根据自身情况去医疗机构接受诊断治疗，也应努力着眼于其他可以过上健康生活的活动。

身体健康固然重要，心理健康也十分重要。事实上，患了抑郁症后约10%的人会自杀未遂，1%的人会自杀身亡。

为了预防"新型冠状病毒抑郁症"，我们需要定期进行日光浴，灵活利用在线社交工具不断与他人进行交流等。我认为最重要的是要选择有活力的生活方式。

○试着带着焦虑行动吧

世间充斥着许多"消除焦虑"的书籍和讲座,但是令人惋惜的是,要彻底消除焦虑这一情绪是不可能的。

即便预防新型冠状病毒的疫苗普及了,在正式宣布新型冠状病毒完全消失之前,因新型冠状病毒引发的焦虑也不会就这么消失吧。

但是我们可以选择与焦虑和解,怀有"接受焦虑,与焦虑同在"的想法。

森田主张的是,人之所以会感到焦虑,是因为"生存欲望"过于强烈。也就是说因为有"想要健康和长寿"的欲望,我们才会对自身的健康状态感到焦虑。换言之,焦虑也可以成为追求健康幸福生活的行动动机。

即便带着焦虑,只要我们去做该做之事,焦虑就能渐渐得以缓解。

在新型冠状病毒疫情严重的时候,经济风险比健康风险更高这一言论愈演愈烈。毕竟业绩下降、许多公司倒闭，被解雇、失业的可能性正不断增长也是事实。

然而即便内心为有可能失业感到不安，我们也可以采取提高英语技能、开始探索副业等现实应对方法。

考虑"怎样做才能幸福地生活下去呢"并加以实践是十分重要的。

其实我们现实生活中有不少事例就像谚语"车到山前必有路"所说的那般，将想法付诸行动后往往会有意想不到的收获。

因此我们不应该以消除焦虑为目标，而是应该想清楚现在能做什么，并将其付诸实际行动，这样可以缓解我们因某事产生的焦虑。

○顺应时代变化的观点

如今的时代，瞬息万变。

以新型冠状病毒肆虐为契机，居家办公开始变为一种潮流，或许在不久的将来，这股潮流将会加速，居家办公变得理所当然的时代即将来临。

我作为电影导演偶尔也会参与电影制作，如今的电影界也不同于往昔，发生了翻天覆地的变化，以后在电影领域，在线观看或将成为主流，在电影院看电影这股潮流或许也将再次盛行。

不论发生哪一种变化，人总要顺应时代潮流，做自己应做之事。

本书在提倡以森田正马疗法的理论为基础的同时，还以图解的形式向大家解释如何不被焦虑带偏，巧妙地与焦虑打交道。

回过头来说，产生焦虑倒也不是什么坏事，但是若被焦虑困扰，这就有问题了，因此重要的是不被焦虑带偏了。

希望读完本书后，能够帮助你战胜焦虑。

和田秀树

目录

第1章 妥善处理焦虑的10大基本要素

1 使焦虑成为生存动力 _ 5
2 越关注，焦虑越逐渐扩大 _ 9
3 如果情绪被焦虑掌控，可能导致判断错误 _ 13
4 因为钻牛角尖认为"除此之外别无他法"而使自己更加难过低落 _ 18
5 维持现状不能成为判断基准了吗 _ 22
6 焦虑是自由生活方式的产物 _ 26
7 休息会给人添麻烦，这只是你一厢情愿的想法 _ 30
8 "和大家一样"真的能让自己安心吗 _ 34
9 焦虑大多来源于无知 _ 38
10 没必要因未发生的坏结果而纠结于心 _ 42
★ **妥善处理焦虑的训练①** _ 46

第 2 章　摆脱焦虑的 14 种方法

1. 试着预测一下三种可能发生的结果 _ 53
2. 不要一个人陷入焦虑，试着找人倾诉 _ 57
3. 自己去搜集真实的信息，切勿随意听信他人 _ 61
4. 设定止损界限，承担相应风险 _ 65
5. 懂得用概率来思考 _ 69
6. 不要局限于一种做法 _ 74
7. 若是拥有"属事思考"这种思维方式，就可以做到冷静判断了 _ 78
8. 与电视保持一定距离 _ 82
9. 致力于自己擅长的事 _ 86
10. 思考任何事情时都要懂得事物兼具两面性 _ 90
11. 享受游刃有余地改变最初计划的乐趣 _ 94
12. 要明白，旁人看你不会看得那么仔细 _ 98
13. 试着借鉴指南，然后改变自身 _ 102
14. 失败并非可怕之事 _ 106

★ **妥善处理焦虑的训练②** _ 110

第3章 以平常心过日子的10种方法

1 即便有所焦虑，也要敢于行动 _ 117
2 既然无法改变，不如就这样接受 _ 121
3 不要忽略自己小小的焦虑 _ 125
4 珍惜自己的世界，享受一个人的孤独时光 _ 129
5 寻找职场以外的容身空间 _ 133
6 试着具体写出来 _ 137
7 找他人做你的导师 _ 141
8 感到疲惫的时候不要勉强自己，适当休息一下吧 _ 145
9 接受"焦虑状态的自我"，以自己的真实状态生活 _ 149
10 自己寻找有趣的目标 _ 153

★ **妥善处理焦虑的训练③** _ 157

附录　将焦虑转为动力的 16 个小习惯

习惯 1　改变"应该是这样的"思维方式 _ *163*

习惯 2　不要被他人的焦虑感染 _ *165*

习惯 3　不过分解读他人的言论 _ *167*

习惯 4　最好与社交网络保持适当的距离 _ *169*

习惯 5　向哲学家学习解决问题的方法 _ *171*

习惯 6　要有一个能获得表扬的场所 _ *173*

习惯 7　学会自己夸赞自己 _ *175*

习惯 8　要有"不会察言观色也没什么大不了"的觉悟 _ *177*

习惯 9　要有走一步看一步听其自然的想法 _ *179*

习惯 10　试着分散风险，挑战一下 _ *181*

习惯 11　不要盲目相信多数派的方法 _ *183*

习惯 12　要保留足够时间来思考 _ *185*

习惯 13　模仿那些成功的人 _ *187*

习惯 14　从旁观者的角度来看待焦虑 _ *189*

习惯 15　试着考虑一下做些什么能让焦虑消失 _ *191*

习惯 16　试着询问别人对自己的看法和印象 _ *193*

结束语　选择将焦虑转换成动力的生活方式 _ *195*

第 1 章

妥善处理焦虑的 10 大基本要素

妥善处理焦虑的 10 大基本要素

人会产生焦虑与不安是自然而然的,但是如果能妥善处理焦虑情绪的话,焦虑也能成为正能量的行动原动力。

要素1
要觉察到焦虑背后隐藏的"欲望"。

人之所以会产生焦虑是因为"欲望"的存在。
让我们找到灵活运用"欲望"的生活方式吧。

要素2
用行动来发现自己力所能及之事。

不要过分关注使自己焦虑的事情。
试着找一下自己力所能及的事情吧。

要素3
不仅要注重眼前存在的问题,更需要多方面思考。

一旦被焦虑的情绪掌控,我们就会失去冷静判断的能力,只注重眼前存在的问题,看不到其他重要的方面。

要素4
试着寻找各种可能性。

每件事情不是只有一种解决方法。
试着享受找到其他解决方案的乐趣吧。

要素5
维持现状是否成了目的？
许多时候，维持现状会让问题推后。
冒一定的风险，着眼于当前能做之事吧。

要素6
带着焦虑享受自由。
一个决断就能享受自由。
自由既能让你欢欣雀跃，也能让你焦虑不安。

要素7
试着尽情休息。
越认真的人越不肯放下手头工作去休息。
暂时不要考虑超越自我的本能吧，偶尔放松一下。

要素8
考虑与大家之间的差异。
若是以"与大家一样"作为判断基准的话，容易变得不幸。
着眼于属于自己的幸福就好。

要素9
试着寻找应对方法和技巧。
世间万物皆有可应对的方法与技巧。

要素10
不过分担心引发最坏的情况。
成日战战兢兢、提心吊胆地害怕引发最坏情况的生活是不合乎常理的。

1
使焦虑成为生存动力

- ★ 人之所以会感到焦虑是因为有强烈的"求生欲望"。
- ★ 人正是因为感到焦虑才会努力。
- ★ 试着把焦虑变成行动的力量。

焦虑将成为工作学习的动机

如今,世上大部分人都有各种各样的焦虑。有的是对自己未来感到焦虑,有的是对自己待人接物与人际关系感到焦虑,有的则是对自己健康感到焦虑。

话虽如此,没必要过分害怕焦虑这种情绪,因为焦虑可以成为工作与学习的持续动机。焦虑也可以成为一种正能量。

曾有快参加高考的学生找我谈心,说"因为担心自己名落孙山无法静心学习",或是"考试接踵而来,因为焦虑导致自己卧床不起"等。

每当这时,我总会说这样一句话:"人会感到焦虑不安,这是自然而然的。若是不为害怕名落孙山而焦虑的话,大部分人都不会去认真学习了。"

考试不合格后大家都会有些不知所措,会感到焦虑。然而正是因为感到焦虑,才会为了摆脱这一现状而加倍努力。

我认识的一些管理者,总是说自己"终日感到惶恐不安"。他们知道自己心存焦虑,并将它转换成一种能量,因此每天做工作决策时都十分果断。

活用焦虑背后的"求生欲望"

森田疗法认为人之所以会感到焦虑是因为有强烈的"求生欲望"。例如,因担心被他人讨厌而产生焦虑的人,就会滋生出想要大家喜欢自己的"求生欲望"。相反,无须大家喜欢自己的人,就不会在人际关系方面感到焦虑不安。这与不参加考试的人根本不会因为考试感到焦虑同理。

也就是说,人们之所以会产生"名落孙山是很可怕的"这种想法,其实是因为有着强烈的"想要及格"的欲望。

森田说,顺从自己的欲望。以考生来说吧,就要顺从"想要考试及格"的欲望并付诸行动。例如"寻找适合自己的学习方法"或是"试着换其他参考书"等。

你在感到焦虑不安时,试着想想:为何会这样呢?"担心自己生病而焦虑不安"的人,应该是有着强烈的"想要变得健康"的生存欲望。这个时候只要想想为了健康现在能做些什么,并加以实践就可以了。

> 人之所以会感到焦虑是因为有强烈的"求生欲望"。

在焦虑背后的是"求生欲望"
试着找到并开展能改变焦虑的行动吧

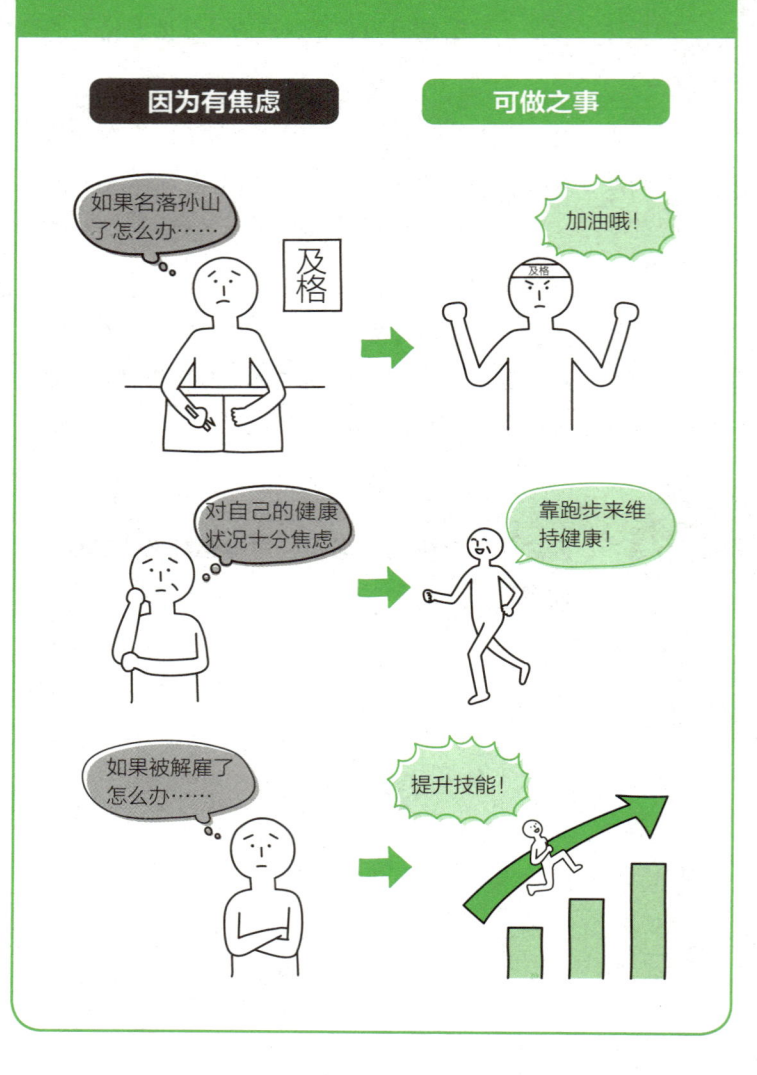

因为有焦虑 | **可做之事**

- 如果名落孙山了怎么办…… → 加油哦!
- 对自己的健康状况十分焦虑 → 靠跑步来维持健康!
- 如果被解雇了怎么办…… → 提升技能!

2

越关注，焦虑越逐渐扩大

★ 我们把想象悲观未来的行为称为"预想焦虑"。
★ 若是思虑过度则会使"预想焦虑"逐渐膨胀。
★ 不必勉强，找到可做之事，哪怕找到的只是一件琐事都十分重要。

悲观的想法会加速焦虑

这是我认识的实业家A先生的故事。

A先生在公司担任重要项目开发负责人一职，他自己也记不清这是第几次在项目研讨会上因太过紧张出现心跳加速的情况了。

越焦虑，心跳加速的现象就越严重——全身大汗淋漓，有一种几乎要窒息的痛苦感，有时候还会持续性头晕目眩，甚至想要呕吐。

只要临近会议，A先生必然会出现心跳加速、焦虑不安的情况。若是能等上一会儿，待他逐渐冷静下来，身体就能慢慢恢复常态，上述各种剧烈反应也随之消失了。

精神科以及心理学会给上述症状冠以恐慌障碍或焦虑性神经症（焦虑障碍）等名字。即便未达到被诊断为疾病的程度，日常生活中人们也常常会陷入各种各样的悲观情绪中。

"我可不敢坐地铁，万一来个地震的话，被关在里面根本逃不出去。"

"去闹市的话，没准儿会遇到无差别杀人事件。"

这时，要找出导致自己焦虑的原因并加以忽略，因为越关注，焦虑就越容易膨胀。

试着找出具体可做之事

"如果发生××的话，我应该怎么办……"我们需要考虑一下，若是对将来可能发生的事持消极悲观的看法，应该怎样应对才好呢？其实提早思考这些并非是什么坏事，若我们毫无准备，当麻烦来临时，相信大家很难冷静面对并妥善处理。

然而,对事物持消极悲观的看法需要有度,如果过度消极否定会引发焦虑,从而使我们陷入另一个窘境。这种在精神医学上被称为"预想焦虑"的病症已经成为一个大问题。

所谓的"预想焦虑"是担心今后可能会发生一些事情,并对其持有消极悲观的想法的一种状态。但是这毕竟是还没发生的事,所有的一切都只不过是假想中可能发生的事情罢了。

可是对事物持有消极悲观想法的人,总会把预想的焦虑放大。一旦把焦虑放大到不可收拾的地步,我们就很难找到具体的应对方法了。

与此相反,那些感受到焦虑的人,若能捕捉到实际的焦虑,那自然而然就能找到可做的事。车到山前必有路,最重要的是找到可做的事,哪怕只是一件细微之事,也可以让自己付诸行动了。

不要过度深思,重要的是付诸实际行动。

预想焦虑容易被无限放大
我们不应过度深思,应注意"付诸行动"

焦虑等级1

最重要的是提前考虑如何应对这种悲观的预想焦虑。

准备一下吧。

↓

焦虑等级5

一旦想法过于悲观,预想焦虑就会被不断放大。

预想焦虑

↓

焦虑等级10

焦虑一旦被放大到不可收拾的地步,我们就很难找到具体的应对方法了。

预想焦虑

3
如果情绪被焦虑掌控，可能导致判断错误

* 易焦虑的人在看待问题的时候会将原本一般的问题放大。
* 一旦对面前发生的事情感到焦虑，就会忽略其他重要的问题。
* 无论是谁，就算是圣人也可能会因为焦虑对问题做出错误判断。

一旦陷入焦虑就只会顾着眼前的事

被焦虑左右的人，常常容易把眼前看到的问题无限放大为"最严重的问题"。一旦我们只关注眼前的问题，那么往往会忽略一些其他细节，从而做出错误的判断。

例如，有一些不法分子趁着2020年新型冠状病毒疫情肆虐的时期，四处发布虚假邮件，声称"有专治新型冠状病毒的特效药"或散布"地方政府将会给大家发放一些补助金"等诸如此类的信息。

我认识的小B，也被卷入了类似上述的诈骗事件之中。小B经营着一家餐馆，当官方宣布进入紧急状态之后，营业额急剧下降，面对现状他束手无策，长久下去餐馆是否还能存活成了他的心病，因此小B不由得陷入了焦虑之中。

这个时候，他收到一封邮件，寄件人是"总务省"[①]，邮件的大致内容是"开设第二轮特别金额补助金特设网站"。收件人只需打开邮件中的链接，在页面中输入个人信息，就可以完成补助金申领手续。

如果没有正式官方宣言，总务省是不会告知补助金发放情况的，然而小B因为过于焦虑，无暇细想，就在虚假邮件中输入了个人信息。要是在平时，他只需稍加思索便能意识到这是诈骗事件，可是身陷焦虑之中的人，满眼只

---

① 总务省：是日本中央省厅之一，是在2001年中央省厅再编（日本于2001年实行的一次改革）中新诞生的政府机关，是由原总务厅、邮政省和自治省"三合一"而来的部门。

关注眼前的问题，很容易做出错误的判断。

罪犯狡猾地利用了人们的焦虑

所谓的汇款诈骗，就是诈骗犯狡猾地利用了人们的焦虑进行犯罪。

"你儿子未经允许擅自挪用了公司的钱款，这事要是被曝光的话，他面临的可不仅仅是被公司解雇，还会成为有前科的人。不过呢，如果你能拿出一笔补偿金填补这个漏洞的话，那你儿子就能平安无事。"

这套说辞是诈骗集团事先就准备好的惯用的故事情节，但仔细想想的话，不难发现这些全是不符合常理的事，可是对方还会对你说"记得下午三点之前把钱打到账号上，还有不要让别人知道"，如此一来，被骗的人越发焦虑不安了。

不能说被骗的只不过是一部分年纪大的人。实际上，真有一些毕业于一流大学、在竞争中脱颖而出的人，因为在工作中没有什么成果，所以对自己的职位很有危机感，于是就染指了一些不正当财务，事后他们又担心自己的不正当行为暴露,进而做出一些不正确的选择来。被焦虑情绪支配的人,很容易做出错误的判断。

> 若我们只关注眼前存在的问题,很容易忽略其他重要的问题。

即便是平时很靠谱的人
一旦被焦虑所左右常常会做出错误的判断

1 过于放大将面临的问题

私自挪用?!

2 无法看到其他的问题了

下午三点之前你记得把钱打到账号上……

3 容易做出错误的判断

ATM

只要把钱汇入账户,孩子就能得救了。

4
因为钻牛角尖认为"除此之外别无他法"而使自己更加难过低落

★ 要想变得幸福,有许多方法。
★ 重要的是能够发现其他的选项。
★ 要有足够宽裕的时间来尝试其他选择。

人生的选项并非只有一个

有这么一个人,他从开成高中①考上了东京大学,后来成了财务省的官员,可是工作上的些许错误导致他仕途终结,觉得前途惨淡的他因为对未来持有过度悲观的想法,最后选择了自杀。旁人听闻这则消息之后,多数都会这样说:"精英人士极少经历挫折,一旦受到挫折就很容易引发焦虑,从而选择自杀。"

---

① 日本著名私立高中。

可是让我来说的话，那些人并非因为经受不住挫折自杀，而是因为他们没有意识到其实人生还有其他选项。

假设他没考上开成高中，也可以在其他高中努力读书，然后考取东京大学。这样想的话，即使没有被开成高中录取，他也不会因此而一蹶不振。

就算努力之后没有被东京大学录取，还可以考其他的大学，然后进入仕途。即便在财务省无法出人头地，也可以成为政客或是大学教授等。人生的选项并非只有一个。

若是把"变得幸福"当作终点的话，人其实有很多途径。换言之，如果这条路行不通，不妨换一条路。俗话说得好：条条大路通罗马。因此懂得此路不通另择他路的人，就不容易产生焦虑的情绪。反之，喜欢钻牛角尖的人常常会觉得"除此之外别无他法"，很容易被焦虑包围从而崩溃。

让我们试着寻找其他更多的可能性吧

以学生为例，有不少学生会遇到这样的情况："哎呀，如果这道题做不出来的话，我没办法做下一道题啊。"另一方面，也有这样的学生存在，他们毫不在意眼前这道题是不是能做出来。"这道题不会做也没什么呀，先做其他的题，其他的题会做就行了。"

拥有后者这样想法的学生，他们就不会有过多的焦虑，反而能集中注意力学习。结果很明显，相同的时间内，懂得选择不钻牛角尖的人可以更有效地学习。

而纠结于如何破解难题的学生，就会因为一时寻不到解决问题的关键而停滞不前。虽说他打算要努力学习了，可最终变成了非有效学习。由此可见，通过对比这两种学习方法，能够脱颖而出的是"这道题不会做也没什么呀，先做其他的题，其他的题会做就行了"的学生。

也就是说，一旦我们被眼前的问题绊住了，那么问题就会被不断放大，进而导致无法到达终点。其实还有其他的道路可通往终点，我们没必要选择最难的那条。

重要的是，我们要有足够宽裕的时间来体验各种选择。

> 想要变得幸福，其实有许多选择。

通往终点的途径并非只有一条
让我们来体验更多不同的途径吧

幸福

重要的是我们要有这样的观念：
"此路不通，还有其他方法，条条大路通罗马。"

5
维持现状不能成为判断基准了吗

- ★ 人是一种有着强烈的、想要稳赚不赔的想法的生物。
- ★ 想要靠维持现状摆脱焦虑是不可能的。
- ★ 不畏惧焦虑,拥有积极向上的想法是很重要的。

只要忍得住,即使没那么自由,这也是可以安心的生活方式吗?

有人觉得:"如果频繁跳槽换工作,对找下一份新工作来说是一个不利因素。"

"因此,即便对现在的公司有所不满,还是忍气吞声埋头苦干吧。"

也就是说,只要忍得住,即使没那么自由,但这也是可以安心的生活方式。

这样真的可以吗?不想变得焦虑而选择忍受,又会滋生出"我想从事更加适合自己的工作"这样新的焦虑。

人原本就是一种奇特的生物,比起冒险,更倾向于稳赚不赔。也就是说,与其让他觉得"有所为有所得",不如让他感受到"有所为有所失",后者更能使人发奋。

例如,如果老板对员工说努力工作会涨工资,未必人人都会充满干劲勤勤恳恳工作;可是如果用威胁的方式说,"若是不努力工作那就要减薪",那么大家必定会认真干活。在日本,职工薪水多年未涨恐怕也是这个原因吧。

可事实上,我们的生活中常常会发生这种想要避开损失却又遭受损失的事。我们难道不应该重视自己的目的和目标吗?

维持现状只是将问题推后而已

一旦出现变化就会陷入焦虑,可我们也不能一味地维持现状。如果我们在工作中遇到强制工作等不公平待遇时,可以找劳动仲裁部门进行申诉。

但是通常情况下大家都会觉得:"如果在内部检举的

话，会被公司其他员工排挤孤立，自己也会蒙受损失"。实际上，近来一些公司也在进行内部整顿，让员工有苦能诉。

如果不想申诉的话，可以考虑一下跳槽或者其他选项。

经常选择忍气吞声、沉默不语的人，最终会被各种不合理的要求吞没，因为他下意识地觉得只要自己足够忍气吞声，一切都会好起来。其结果就是情况越来越糟，自己被折腾得越发逆来顺受。

想要摆脱焦虑，靠维持现状是不可能的。即便你想要维持现状，但损失也会日益积累起来，越来越大。

最后，维持现状只是将问题推后而已。要是不能着手解决问题的话，不论躲避到哪儿，还是会继续遭受不必要的损失。

> 让我们都成为能适应变化、能开展实际行动的人吧。

即便忍气吞声，尽力维持现状却事与愿违，情势逐渐恶化

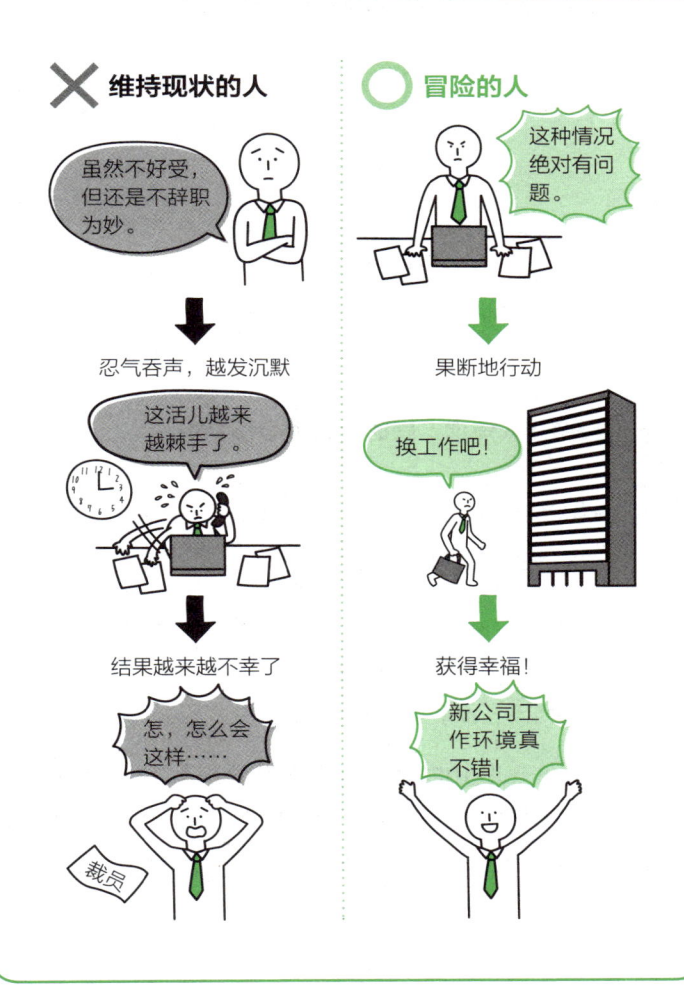

✕ 维持现状的人

虽然不好受，但还是不辞职为妙。

↓

忍气吞声，越发沉默

这活儿越来越棘手了。

↓

结果越来越不幸了

怎，怎么会这样……

裁员

○ 冒险的人

这种情况绝对有问题。

↓

果断地行动

换工作吧！

↓

获得幸福！

新公司工作环境真不错！

6

焦虑是自由生活方式的产物

- ★ 一直被焦虑左右,就没必要反复忍耐。
- ★ 无论是谁,都可以果断地选择自由之路。
- ★ 享受自由,享受焦虑。

自由让人焦虑,同时也让人心情愉悦

原本保持现状还是选择自由,都是个人选择。但是比起自由,更多人选择了忍气吞声。

当然,我们都明白,自由会让人焦虑,这一切都取决于自己的决断。若事与愿违的话,那也要对自己的行为负责,不要将责任推卸给他人。

可是在焦虑中也有快乐。这就和独自去海外旅行十分相似。跨出国门语言不通,人生地不熟,必须由自己来决定下一步做什么。这就是虽然感到焦虑,同时也让人心情

愉悦的最佳体验。

例如，现在我们从充满各种困难、工作堆积如山的公司辞职，一定还会找到新工作。虽说不知道会找到怎样的工作，但不至于沦落为无业游民。

而且成为公司职员并不是人生的全部，若是选择创业的话，我们只需要将申请书寄往有关部门，很快就能成为个体经营者。不需要拥有实体店，不需要借款能做的工作也有许多。

即便公司的工作十分忙碌，我们也有办法利用晚上和周末从事副业。一旦副业有了收入，我们就能摆脱"除此之外别无他法"这种不自由的状态了。

总之，靠决断就能体味自由是何物了。

无论是谁都可以选择自由之路

失去了眼前的人际关系，还能重新建立其他的人际关系。当然还有家人、朋友等不会改变的人际关系。万一真有什么问题的话，我们还可以依仗家人或是政府机构，但是一直忍气吞声，使自己身心俱疲乃至崩溃的话，可就赔了夫人又折兵了。

让我们继续保持愉悦的心情，放松自己吧。无论是谁，都可以选择自由之路。我们不必一味地被"这可如何是好"的焦虑左右，也不必觉得"除此以外别无他法"而继续忍耐。

不妨让我们换个角度来思考吧，享受自由，享受焦虑。

能够意识到"我的容身之处并非唯此而已"，才能使自己不陷入焦虑状态。能够明确"此处不留人，自有留人处"，才能使自己的心情放松下来，才可能找到其他令自己感到心满意足的容身之处。

焦虑是自由生活的产物。

能让我们从维持现状中抽离出来的是自由
要了解"我们可行的路并非只有一条"

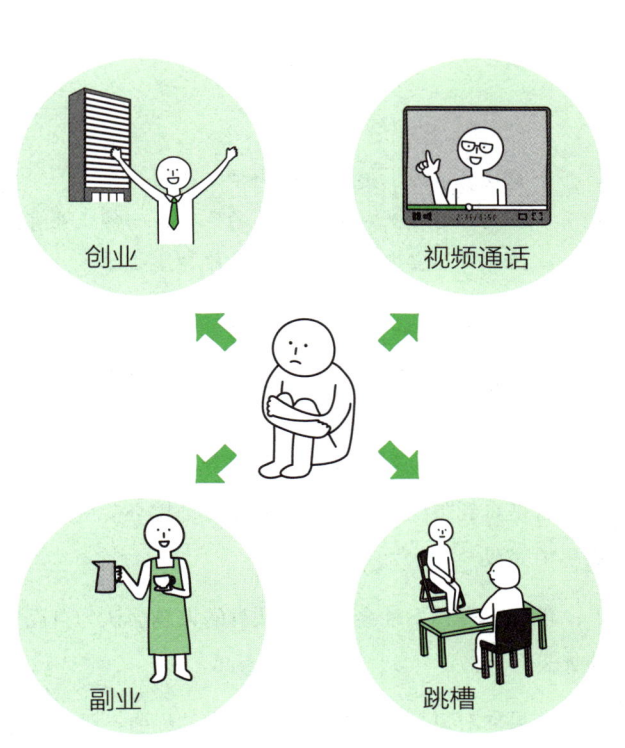

- 创业
- 视频通话
- 副业
- 跳槽

7
休息会给人添麻烦,这只是你一厢情愿的想法

- ★ 越认真的人,越容易认为"不应该休息"。
- ★ 公司不会因为一两个职员的休息,而停止业务。
- ★ 组织并不是靠一个人的力量维持下去的。

认真的人容易陷入"不应该休息"的陷阱

如今的日本,很多人都过着节奏紧凑的繁忙日子。不少人若是看到眼前要做的事堆积如山,想必会拼命地把这些事情完成。

例如,在当下社会中,越认真的人越会认为自己"不能休息"。

如果你对每日都十分繁忙的人说"你要不稍微休息一下吧?"这一类的言语,他们会立刻反驳:"不,我要是

休息的话，这些工作就停滞不前，会给其他员工造成不必要的麻烦。"

这些认真的人，即便感到身心疲惫，精神上压力重重，却仍然不吭一声地强迫自己继续工作。

他们从来不会考虑给自己放个假，或者将手头上的工作移交给属下和新进员工，从而减轻自己的负担。即便他们会思考，也只是认为，"这活儿果然不能假手他人，还得是自己来做"。

在紧凑的生活中，一旦我们被工作层层包围，很容易滋生出"我不能休息"这样的念头来。到最后就连"要是再不懂得休息的话，疲惫的身心会让自己崩溃"这种特别常识性的事都判断不了了。

公司业务不会因为一两个员工休息而陷入困境

事实上呢，无论是哪家公司或机构，绝不会因为一两个员工休息就使整个业务停滞不前。就以患了流感请假在家休息的员工或是因家中有事请假的员工为例，即便他们因故无法工作，公司业务仍旧如往常运营着，因为总有可以替代他们完成工作的其他员工。

如果滋生出"不能休息""我必须努力"这样一厢情愿的想法,那就说明你陷入了被焦虑环绕的状态。持续勉强自己的话,就会造成无可挽救的局面,导致自己丧失了容身空间,无法从焦虑中摆脱出来,其最终结果就是越来越感到身心俱疲,直至崩溃。

作为一名产业医生[①],我经常有机会接触那些总是勉强自己努力干活的认真员工。每当遇到这样的员工时,我总会这样劝解他们:"当你休息的时候,如何完成你留下的工作就不是你的责任了,而是公司的责任。"我之所以会这样劝解他们,是为了让他们能够意识到公司并不是靠他们存活的。

当人陷入身心俱疲的状态时,常常会失去最基本的判断。

---

① 产业医生:在日本《劳动安全卫生法》中指在工作场所对从业人员采取健康管理、卫生教育、产生健康障碍的原因调查和防止复发等医学措施的医生。

越认真的人越容易勉强自己
不要把自己逼迫得太紧，适当放松些

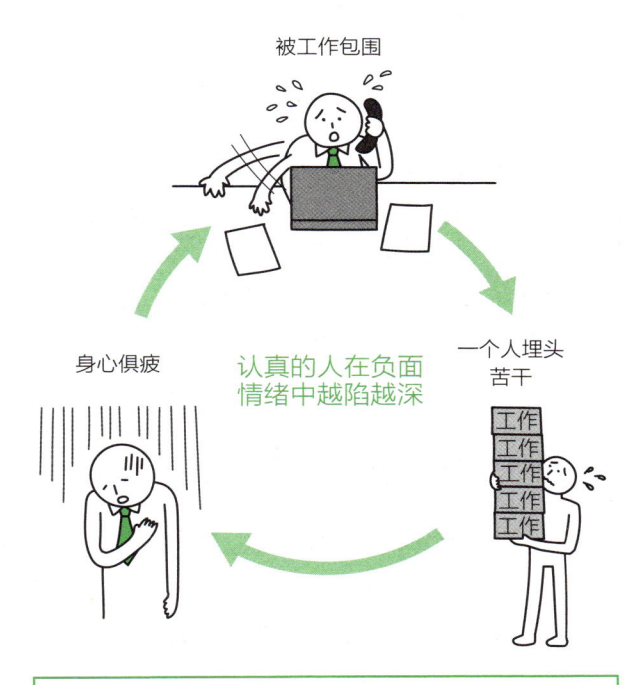

被工作包围

身心俱疲

认真的人在负面情绪中越陷越深

一个人埋头苦干

公司的业务不会因为你休息而停滞不前。

8

"和大家一样"真的能让自己安心吗

★ "什么都不做"是不会变得幸福的。
★ 在一亿总中流①（中产阶级）时代，有许多人为了实现自己的梦想和目标，积极地行动着。
★ 在存有差距的社会中，"和大家一样"意味着"100个人中有99人在贫困层"。

"和大家一样"真的能让自己安心吗？

有不少人不敢正确面对自身的焦虑，反而莽撞地想要摆脱焦虑。他们有两个试图摆脱焦虑的方法：其一便是什么都不做，其二则是采取和大家相同的行动。

---

① 一亿总中流：20世纪70年代，日本的调查显示，在当时1亿总人口中，有九成的人自认为属于"中产阶级"，当时媒体用"一亿总中流"形容人民的均富意识。

进入像公司这样的组织后，有时候受到一些不正当待遇也是无法避免的，但是如果要辞职，可能有人会因此而焦虑，这时候如果他们能和有着相同经历的同类人（因无法决定是否要辞职而烦躁或是在工作中受到不正当待遇而感到难过的人）在一起，则会感到异常安心。

在日本快速发展时期，人们只要在公司努力工作就能出人头地，即便事后未能按预期做出显著成绩，也不用担心被公司解雇，可以安安稳稳地工作到自己退休，随着年龄增长，工资也随之增加。

彼时全球都十分稳定且安心，因为没有什么超前意识，大家会有"我和大家一样"的感觉。

然而十分有趣的是，在这种"大家都一样"的一亿总中流时代，居然许多人有着"我讨厌大家都一样""我要变得比其他人更幸福"这样激昂的志向。他们为了实现"我想要出人头地，打败同事""我想比隔壁邻居过得更舒适"的梦想和目标而不断努力着。

"和大家一样" = "100个人中有99人在贫困层"

经济低迷的时候，越来越多的人因为觉得自己和大家一样而感到满足。我反而觉得正是因为经济低迷，市场不景气，大家才更需要怀揣梦想，树立目标……

日本进入了差距社会，那将会产生每100人中只有1个人处在富裕层，剩余的99人在贫困层的情况。也就是说，"和大家一样"就意味着"100人中有99人在贫困层"。

如果因为和大家一样而感到满足的话，那薪水持续下滑，工作环境日渐恶化是必然的。因为手头拮据，几乎没有多余的闲钱作为存款，这就会导致人们的焦虑逐渐扩大。

我觉得"和大家一样"这个想法只会带来不幸。

> 若是以"和大家一样"为目标，容易变得不幸。

事先知晓这是一个即使"和大家一样"也无法变幸福的时代

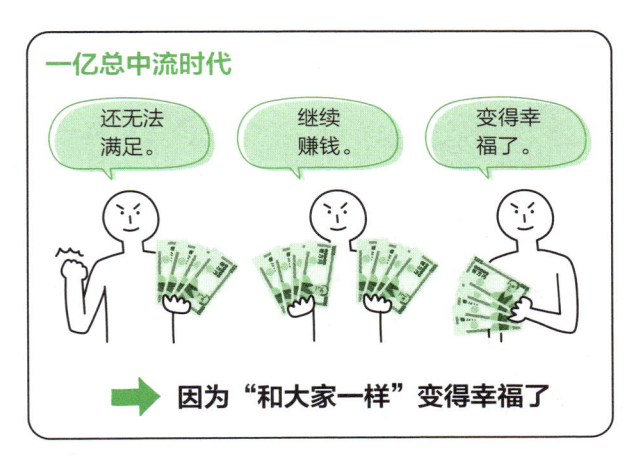

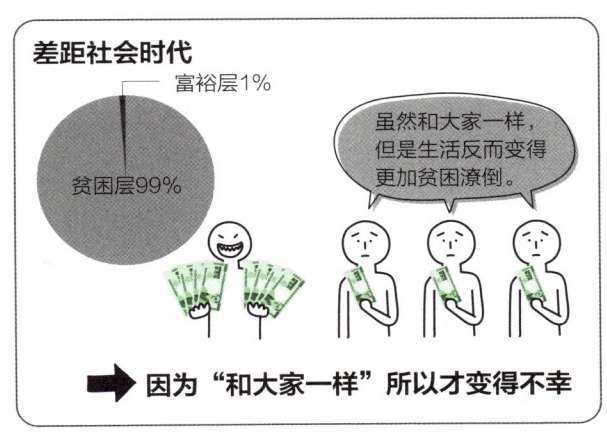

一亿总中流时代

- 还无法满足。
- 继续赚钱。
- 变得幸福了。

➡ 因为"和大家一样"变得幸福了

差距社会时代

- 富裕层1%
- 贫困层99%

虽然和大家一样,但是生活反而变得更加贫困潦倒。

➡ 因为"和大家一样"所以才变得不幸

9
焦虑大多来源于无知

★ 什么都不做的最大理由是"放弃了"。
★ 若是能掌握应对方法或技巧的话,一切都会好起来。
★ 首先靠自己找出可以让自己行动起来的信息或知识。

世间万物都有相应的应对方法和技巧

"我总是遇不到心仪的对象,反正我是没什么魅力可言了。"对于有这样烦恼的年轻人,我总是半开玩笑地对他说:"即便是一流明星,若是身边环境没有女性的话,可能也没那么大受欢迎了。"

其实据我所知,最受年轻美丽的女性喜欢的职场男士便是模特事务所的经理。

想想也确实如此,经理一个人就要管理二三十个模特,他不仅得马不停蹄地在拍摄现场接送她们,还得在她们工作的时候给予适当的建议。因此这些模特中有些人对经理产生爱慕之心也不是什么值得大惊小怪的事。

世间万物都有相对应的应对方法和技巧。"置身于异性众多的环境"便是让自己变得更受异性欢迎的一大技巧所在。

所以，不论是平时的商务工作还是考试，如果你能够掌握相应的应对方法或是技巧，大多事都能顺顺利利应对。

大多数的焦虑来源于无知。许多人都会滋生烦恼，那是因为他们没有好好地掌握那些应该具备的知识或信息，当出现突发状况时，他们不知道该如何应对而只能为此苦恼不已。

若是你觉得焦虑，不妨先考虑一下该如何应对吧

也许很多人会说："哎？我怎么不知道竟然还有这样的应对方法？"或者说："根本就没人教过我这样应对啊。"

但是，如果你总是以一种被动的姿态处世，是无法获

得这些理应掌握的信息的。

为什么自己不更加积极一些,主动找出相对应的解决办法和相关技巧呢?如果你陷入了焦虑不安,就应该更加努力地寻找应对方法。可是生活中,往往大部分人什么都不做。

他们什么都不做的最大理由就是"自我放弃"。因为他们觉得"反正我做什么都不行""这肯定是无法顺利进展的"——消极悲观的态度让他们陷入了这样一个思维怪圈:"虽然感到焦虑不安,但是维持现状继续生活下去就可以了"。

因此,要是你觉得焦虑,不妨先考虑一下该如何应对吧。如果忘了寻找应对方法这一基本途径,只能让自己陷入焦虑的泥淖,且越陷越深。面对这样的人群,我们无法将正确的知识以及充足的信息传递给他们。

> 世间万物都有相应的应对方法和技巧。

大多数的问题都有其相应的应对方法

身边没有任何女性的帅哥

失败

VS

身边总是有许多女性的普通人

胜利

靠死记硬背学习的应考生

失败

VS

掌握了学习技巧的应考生

胜利

因为不知道应对方法和技巧等信息而陷入焦虑

⬇

重要的是靠自己找出让自己行动起来的信息或知识

10
没必要因未发生的坏结果而纠结于心

★ 人总是假想最糟糕的事情的话，会令自己陷入莫名的焦虑之中。
★ 对最糟糕的事情产生畏惧情绪是不合理的。
★ 不能因为找到相对应的解决方法就觉得可以安心了。

不会发生那么多最糟糕的事情

"我最害怕坐飞机了，因为我不知道它什么时候会发生意外事故。"有不少人不愿意坐飞机出行就是出于这个原因。

虽然不能说发生事故的风险概率一定是0，但是请冷静思考一下：自1994年中华航空公司飞机坠落事故之后，日本再没发生过死者过百的飞机失事事故。

2019年，日本因交通事故死亡人数达3215人，根据交通事故发生的概率来说，在附近道路两边散步反而比乘坐飞机更加危险。我认为随着汽车安全行驶装置的研发与技术进步，只要自动驾驶汽车能普及，事故发生概率一定会大大降低。

也就是说，不会发生那么多最糟糕的事情。这和"如果现在被公司解雇的话，就没办法活下去了"其实是同一个道理。

事实上，不少行业因为从业人手不足而烦恼，而且政府还有最低生活保障制度，因此无端想着最糟糕的情况、过着惶恐不安的生活是不合理的。

仅做出一次应对方法与就此安心之间的矛盾

当人因最糟糕的事情陷入焦虑不安时，如果找到相应方法解除焦虑的话，就会觉得安心。

"3·11"日本大地震之后，我因从事志愿者工作去了东北沿海地区。在那儿，人们为了防范下一次的海啸，建起了高达10米的堤坝。事实上，下一次因地震引发的海啸，其高度可能高达15米，甚至20米以上。

此外，我对发生地震时避难通道的保障也存有疑问。当大地震发生的时候，在日本东北沿海地区，能从海边城市逃往深山的道路数量有限，因此很可能会引发严重的堵车，导致人们来不及避难。

而且建造了堤坝的地区，他们压根没有考虑到如何整顿并改进逃往深山的避难通道。

虽说如此，我们也不能过度批判他们。环顾四周，其实在我们日常生活中，有不少这样的家庭，"因为和安保公司签订了协议，所以没有防范罪犯的方法""因为购买了最新的灭火器，所以对家里容易造成火灾的隐患之处不放在心上了"。

> **最糟糕的事情很少会发生。**

不会发生那么多最糟糕的事情，有时根据情况毫不犹豫地付诸行动才是关键

最糟糕的事情

飞机失事

交通事故

无差别杀人事件

这话说得好像有几分道理啊。

最糟糕的事情其实很少会发生啦。

妥善处理焦虑的训练①

问题1　人感受到焦虑的原因是什么？

A 因为人拥有本能的生存欲望

B 因为失去了所有的希望

问题2　如果我们过度考虑预想焦虑会变成什么样呢？

A 能找到如何解决焦虑的方法

B 预想焦虑不断被放大

答案　问题1　A　问题2　B
第7节　第11节

| 问题3 | 最终谁能先获得幸福呢？ |

A 维持现状还在忍受之人

B 冒险付诸行动之人

| 问题4 | 如果感觉精神被逼迫得接近崩溃边缘，该如何做呢？ |

A 如果休假的话会给他人添麻烦，继续工作

B 一个人休息的话，不会有什么影响，休假

答案
问题3 B 第24页
问题4 B 第33页

| 问题5 | 如果以"和大家一样"为目标会变得如何呢？ |

A 大家都能过上幸福富裕的生活

B 大家很容易都陷入不幸的生活中

| 问题6 | 哪位看起来更受女性喜欢？ |

A 身边总是有许多女性的普通人

B 身边没有任何女性的帅哥

答案

问题5 B 第36页

问题6 A 第38页

第 2 章

摆脱焦虑的14种方法

摆脱焦虑的 14 种方法

通过改变平时的言行,
掌握如何摆脱焦虑的方法吧。

要点1
三种不同的预测结果
①最好的结果,
②最坏的结果,
③试着预测可能性最高的结果吧。

要点2
不要一个人陷入焦虑
试着找人倾诉
从第三方的角度客观地做出判断吧。

要点3
自己主动去收集外界的信息与知识
知识与信息并非偶然得到的,必须主动收集。

要点4
试着冒险一下吧
因为焦虑所以什么都不做,这样只会白白浪费我们的生命与时间。

要点5
先应对概率高的风险
许多人常常会因为发生概率很低的风险事件使自己陷入焦虑。

要点6
尝试各种方法进行探讨
不要用一种固定方式限制自己,试着用其他的方法来解惑。

要点7
不要看谁说的，要看他的行动

判断事物不要以"谁说的"为判断依据；要以"言行一致"为判断依据。

要点8
与电视保持一定距离

如果对电视播放的内容感到焦虑，那么不要再关注就好。

要点9
比起克服困难做某事不如做自己所擅长的

集中精力做自己擅长的事往往能得到好的结果。

要点10
看事物好的一面

世间万物必然存在"好的一面"与"坏的一面"。看好的那一面吧。

要点11
预设是预设，也可以改变

我们没必要把预设坚持到底。

要点12
不要以他人的想法为基准

我们没必要把他人的看法太当一回事。
过于在意他人的看法是自己的损失。

要点13
以指南为参考

一边参考现有的做法，一边寻找适合自己的做法吧。

要点14
要学会对失败"免疫"

通过不断地失败来积累经验。要知道，失败乃成功之母。

1
试着预测一下三种可能发生的结果

★ 因为陷入了焦虑，总是想着最坏的结果。
★ 试着预测一下三种可能发生的结果，反而能使自己冷静下来。
★ 要让自己明白，"不尝试一下，永远不会知道最终结果如何"。

如何面对担心之事呢？

生活中许多人对阿尔茨海默病有着极大的焦虑感。书店里关于如何预防阿尔茨海默病以及大脑训练之类的书籍也十分畅销。

为了使自己不罹患阿尔茨海默病，努力十分重要，但这并不意味着，你努力了得阿尔茨海默病的风险概率就变成了零。

根据厚生劳动省研究班的调查，85岁以上的老年群体中，阿尔茨海默病的患病率超过了40%。也就是说，我们越长寿，越容易患上阿尔茨海默病。这已经是一种普遍的认知了。

但令人不可思议的是，之所以会有如此之多的人对阿尔茨海默病产生焦虑，是因为大家总是想着"如何预防阿尔茨海默病"。

一旦真的罹患阿尔茨海默病，介护保险和生命保险将会有什么作用？就这一点引发的焦虑，几乎没有人能事先想好任何具体的应对方法。

所以不要过于担心那些即使真的发生也很难解决的事情，我们要把注意力集中在能解决的事情上。

预测自己担心之事实际发生的场景，这一行为是很有建设性的。考生如果没能如愿考上自己预想的第一志愿学校，可以选择做"社会人""考第二志愿学校""出国留学"等许多其他应对方法。

对于那些能想到解决办法的事情，事先想好应对方法，当担心之事真的发生了，只需要选择最合适的应对方法就行了。

三种不同的预测结果

预想一下如果我们所担心的事成真时可能引发的结果吧,其实预测的结果不外乎以下三种:1.最好的结果;2.最坏的结果;3.可能性最大的结果。

例如,下定决心想要对自己的爱慕对象表白。

最好的结果莫过于对方对你说:"好的。"当然最坏的结果就是人家坚决地拒绝了。但是你也要把可能性最大的结果考虑进去,那就是"我们继续做朋友吧"。

然而也有许多情侣一开始对对方是拒绝的态度,最后却有情人终成眷属。所以说,凡事不必过于焦虑。

像这样预测结果,就会注意到那些被我们疏忽了的"必须做"的事情,从而得到好的结果。

如果持续被焦虑环绕,就容易总是想着最糟糕的结果,这时候如果我们能预测"有可能发生的结果",反而能够让自己冷静下来。

> 用三种类型的结果来预测的话,能使自己冷静下来。

不仅"努力预防担心之事发生"很重要 "当担心之事成真时有应对方法"也十分重要

我们应如何预防阿尔茨海默病呢?

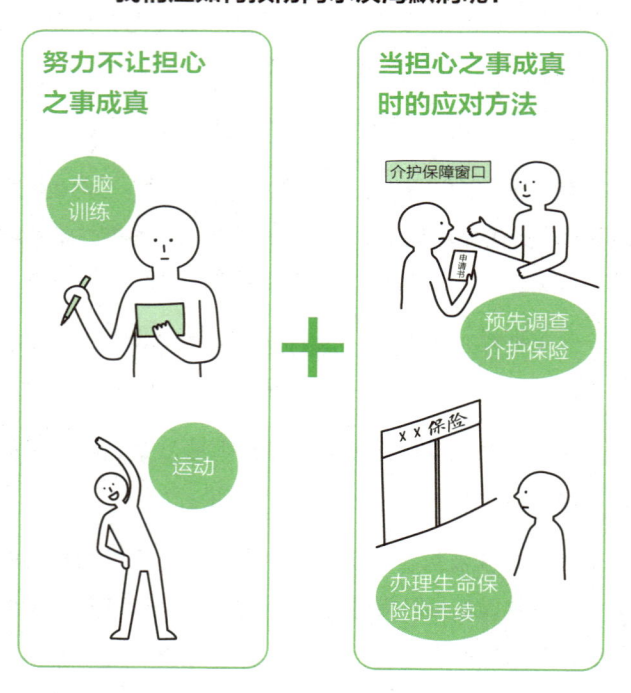

努力不让担心之事成真
- 大脑训练
- 运动

+

当担心之事成真时的应对方法
- 介护保障窗口
- 预先调查介护保险
- 办理生命保险的手续（×× 保险）

从不同角度预测一件事的结果,能使自己冷静下来。

① 最好的结果 —— 挑战
② 最坏的结果 —— 没必要为此胆战心惊
③ 可能性最高的结果 —— 有价值

2

不要一个人陷入焦虑，试着找人倾诉

★ 许多问题并不复杂，只要找人倾诉商量，便有可能简单地解决。

★ 向他人倾诉，可以将自身存在的问题加以整理。

★ 向他人倾诉商量，可以获得来自旁观者角度的信息与看法。

一个能聆听你心声、陪你聊天的朋友比网络中的一大堆朋友更重要

据我所知，常常为某事苦恼不已的人更有独自承受焦虑的倾向。

他们总认为"反正我的焦虑谁也不会明白""就算我告诉他人，也会被当作傻瓜"，因此闷闷不乐。

在成长道路上，其实不少人都选择一个人承受焦虑，

鲜少会将自己的焦虑告知他人。

　　我认为身边能有一个朋友，哪怕只是一个朋友，只要平时能聆听你的心声，而且能陪你聊天，远比在网络上拥有一大堆朋友更重要。

　　此外有不少事即便本人因焦虑觉得已经无计可施，可从旁观者的角度来看的话，也许根本不是什么大问题。

　　而且在向他人倾诉的时候，你也能将问题整理一遍，有时为了能让对方明白，将想要倾诉的话进行梳理后，自己的情绪也就缓和下来了。有不少人是在向他人倾诉的时候，想到了相应的解决方法。

煲电话粥聊个天吧

　　向他人倾诉时，可以选择网上聊天、邮件等交流方式，当然有时会有不少事情让你觉得仅靠文字不足以表达自己的情绪。

　　对于觉得自己被孤立了的人来说，我觉得煲个电话粥会更好一些。现在有许多可以进行在线视频通话的工具，灵活运用这些通信工具，可以跟朋友聊很长时间呢。

即便两人之间的对话没什么重点,也应该能缓和焦虑的情绪。

> 有许多问题通过聊天倾诉就能解决。

即使一个人苦恼也无济于事
试着向他人倾诉，说说心里话吧

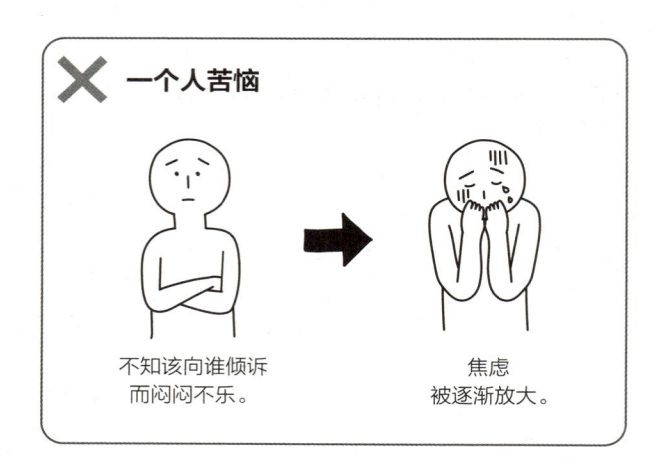

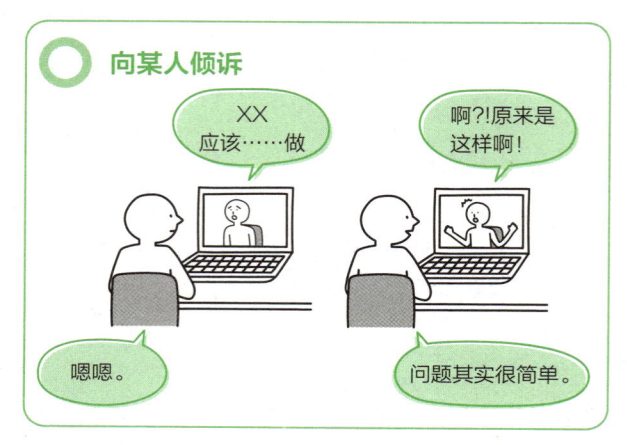

✖ 一个人苦恼

不知该向谁倾诉
而闷闷不乐。

焦虑
被逐渐放大。

◯ 向某人倾诉

XX
应该……做

啊?!原来是
这样啊!

嗯嗯。

问题其实很简单。

3

自己去搜集真实的信息，切勿随意听信他人

- ★ 信息并非偶然得到的。
- ★ 自己要主动去获取信息。
- ★ 需要获取乐观和悲观两方面的信息。

一无所知的人损失惨重

若是找不到可以倾诉的对象，只能靠自己去搜集信息了。首先不能抱有侥幸心理，认为自己可以偶然获取知识或信息。我们应该有这样的认知：唯有靠自己主动才能获得信息。

以前文所说的从未考虑过一旦罹患阿尔茨海默病会怎样的人为例。

假设真的得了阿尔茨海默病，只要我们能够调查清楚

这个病早期会有怎样的表现症状，得病后我们能享受哪些保障，即使真的得病了也可以冷静对待，不至于那么惊慌失措。

原本日本的福利部门做得很好，根据宪法规定，会给予国民最低生活保障。

但是，自治团体并不会主动将信息告知有困难的人，他们设立了相关的咨询窗口。如果你不主动向他们咨询、申请的话，他们不会发挥任何作用。

你因此对自治团体不满，那是你的自由，你应该事先明白，"福利制度就是这样一种模式"。

所以，一无所知的人会损失惨重。你需要向他们表达"请告知我有关信息"，然后获取你需要的信息就可以了。

要懂得信息有好也有坏

现在我们身上只要有手机就能通过网络查询各种信息，但是有时候会出现这样一种情况：因为知道的太多反而让自己陷入焦虑的情绪里。因此我们要注意的是获取信息的时候得同时搜集乐观与悲观两方面的信息。

例如,当我们搜集关于未来老年生活的信息时,如果一个劲地搜集有关"晚年破产"等悲观信息,自然会加剧自我的负面情绪从而导致焦虑。

因此,通过搜集高龄者区域社区等乐观信息,可以使自己的情绪变得轻快起来。

获取医疗信息时,我们就要明确意识到医学正日新月异地进步着。例如现在大家都明白吸烟有害健康,但是根据染色体组分析[①](综合分析生物遗传信息)等级进化的话,我们就会了解到"有人即使吸烟也能长寿"。

随着科技的发展,我们的认识也发生了巨大的变化。我们是不是应该顺其自然地理解为"根本没什么绝对的事实"?

要靠自己主动去获取信息。

---

① 染色体组分析:对生物某一个体或某一分类单位(亚种、种等)的体细胞的染色体按一定特征排列起来的图像(染色体组型)的分析。

收集乐观和悲观两方面的信息

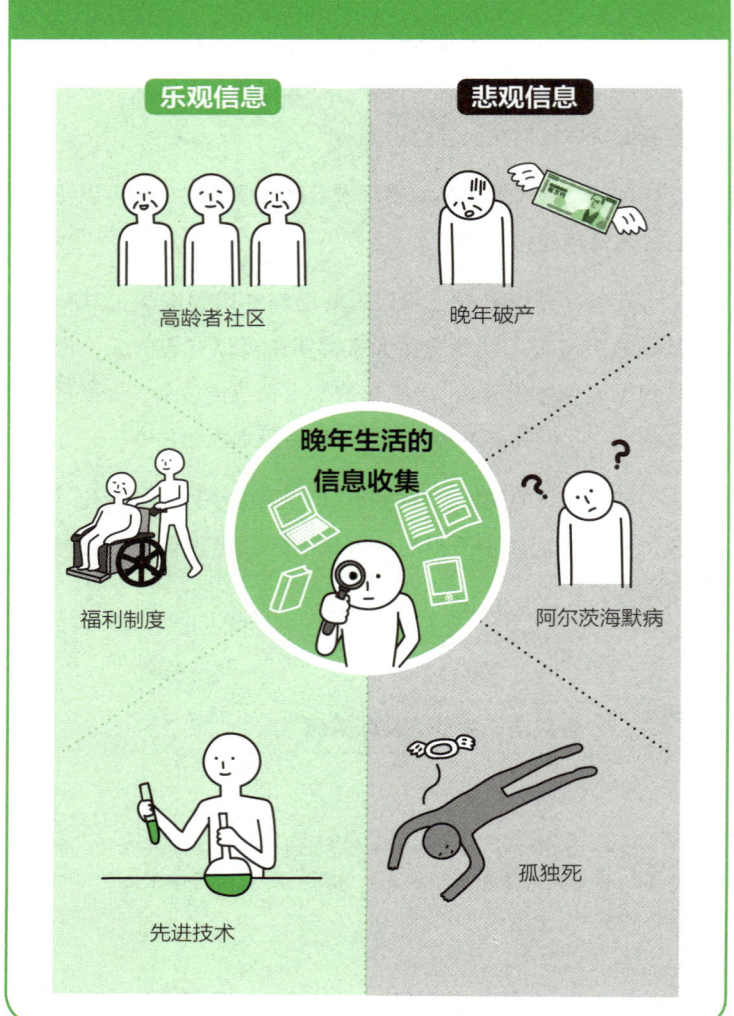

乐观信息
- 高龄者社区
- 福利制度
- 先进技术

悲观信息
- 晚年破产
- 阿尔茨海默病
- 孤独死

晚年生活的信息收集

4
设定止损界限，承担相应风险

★ 不可能将风险降至零。
★ 若是不付诸行动，一切都不会改变。
★ 重要的是即便失败了，也能明确判断出这种程度的损失是在可承受范围内的。

要设定止损界限

人只要走出家门，就有可能遭遇交通事故。

但是许多人每天都按部就班地出门上班、旅行。那是因为比起完全清除一切风险，他们更重视外出得到的成果。

确切来说，如果不付诸行动，一切都不会改变。因为担心离职后很难再找到工作而不想离开公司，这样的行为其实不会给生活带来任何改变。

感到焦虑却什么都不做，只会白白浪费我们宝贵的时间。相比担心风险而停滞不前，我觉得我们更应该考虑如何冒险获得成果。关键需要有踏出这一步的勇气。

有这么一种做法叫作"止损"，止损（也叫割肉）是经济术语，是指将价格下跌的股票或者证券进行抛售，停止损失。

当20万日元买进的股票暴跌了10万日元，在我们感叹损失了10万日元的时候，该公司又宣布倒闭，股票一下子形同废纸，这就真的是鸡飞蛋打、本利全无了。

但是如果我们在跌破10万日元的时候就抛售，只不过是损失了10万日元而已。这就是在某个特定时间点，为了避免更大、更惨重的损失，及时止损。

重新再买股票的时候就要清楚明确"如果股价下跌到这个价格的话，就要抛售"。如此一来，我们就有把握将自己的风险控制在"不管如何损失也只不过是10万日元"的范围内。这种设定"止损"金额的投资行为就是一种积极的冒险。

虽说不是最全面的，但是我们可以选择"安全"

应对焦虑的方法也一样，让我们养成"及时止损"的习惯吧。这样即便失败了，我们也有一定的心理准备面对这种程度的损失。此外，我们还能意外地发现自己已经迈出了第一步。

在制作电影时，如果赞助商也有全额亏损风险，我就不会出钱投资了。因此我就给自己设立了一个止损的预测——"最坏的结果也就是这样，多少还是能采用其他方法回笼资金"。因为我不仅可以把电影拿到剧院公开播映，还可以把它做成光盘或者采用自行上映的方法取得资金回笼，由于我给自己设定了止损点，所以很快就得到了第一次合作。

做任何事都会有相应的风险，并且我们不可能将风险控制为零，虽说不一定有万全之策，但是我们可以做的是选择"安全"的方法。

> 若是不付诸行动，一切都不会改变。

不要后悔,确定好自己止损的点位 让我们积极地行动起来吧

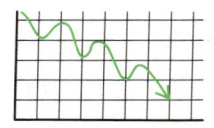

如果只是损失10万日元的话,也是可以承受的。

一旦自己做出妥协,就是最大的损失。

及格

我还可以选择第三志愿的学校呀。

工资 ↓**下降**

如果只是少了5万日元的话,那么减薪也是能够承受的。

10件事都被人拒绝过,8件事被拒绝也没什么大不了的。

5
懂得用概率来思考

- ★ 没必要将所有风险都罗列出来一并考虑。
- ★ 思考风险爆发的概率是十分重要的。
- ★ 让我们想一想如何应对高概率风险吧。

为什么害怕低概率的风险呢?

在很久之前,我一直有这么一个疑惑:为什么那么多人会害怕低概率的风险,反而不重视高概率风险?

举例来说,我们经常可以在新闻里看到无差别杀人事件,有些人因为害怕歹徒产生了焦虑,觉得"太可怕了,不想出门",另一方面,他对"对67%的家庭进行了生活保障金缩减"这一新闻表示赞同。

根据日本法务省①发布的统计报告来看，走在路上突然被歹徒袭击致死的案发率有了新的变化（2007年—2016年）。案发率最高的是2008年，发生了14起，最低的是2009年和2016年，都发生了4起。平均每年发生7.3起。

一方面，全国平均国民生活保障金的领取率为1.63%（根据日本厚生劳动省2020年7月的数据统计）。无论怎么看，我们只要平凡地活着，极有可能成为生活保障金的领取者。人们本就害怕自己面临生活困难的风险，如果能自觉地意识到这一风险，也就能想到生活保障金的缩减与自己是息息相关的。

现在让我们来谈一谈让当下日本人感到极度不安的新型冠状病毒吧。看了国立感染症研究所发布的新型冠状病毒感染致死率的调查数据（2020年9月），到2020年5月底的致死率为5.8%，而到了8月致死率下降为0.9%，从无症状感染者与轻症状感染者病例的逐渐增多这一现象，我们可以看出新型冠状病毒的致死率在逐步降低。

---

① 法务省：是日本维持基本法制、制定法律、维护国民权利、统一处理与国家利害有关的诉讼的行政机关。

综上来看，我们是不是可以说这病毒似乎没有我们想的那么可怕？

我们应该考虑怎么应对高概率风险

可以假设各种风险，这是一件好事，但是如果将所有风险都一一罗列出来的话，会因为过于害怕而不知所措。

当然我也害怕走在路上突然遭遇穷凶极恶的歹徒，可是我一次都不曾遭遇过。反过来说，与其考虑遭遇歹徒这事的可能性，还不如考虑发生交通事故的风险呢，因为交通事故发生的可能性远远高于遭遇歹徒的可能性。

在了解了那么多风险的可能性后，我们应该做的是对其概率进行一个综合调查。例如"吸烟罹患癌症的概率""罹患阿尔茨海默病的概率""失业的概率"等，对每一件担心之事成真的概率，可以通过互联网等手段进行一定程度的调查。

综合调查后，好好地考虑应该怎么应对高概率的风险。通过数字来进行思考,具体有建设性的想法就变得可行了。

> 许多人对低概率的风险感到十分害怕。

担心之事成真的概率其实很低
当务之急是思考怎么应对高概率的风险

- 交通事故死亡率 0.0025% ※1
- 因被人杀害的人口死亡率 0.00007% ※2
- 累计患癌风险率 男性66.5% 女性50.2% ※3
- 失业率 3% ※4

焦虑

高概率　中概率　低概率

※1　根据2019年交通事故死亡人数与日本总人口数计算。
※2　根据2019年因被人杀害死亡人数与日本总人口数计算。
※3　男性女性一生罹患癌症的概率。数据由国立癌症研究中心统计。
※4　此处为2020年8月数据。数据由总务省统计局统计。

6
不要局限于一种做法

* 如果一种做法陷入僵局，可以尝试采用其他方法。
* 我们优先选择能达到目的的做法。
* "做法有许多"是一种灵活柔软的思考方式。

考试学习也有许多种方法

有的学生在做数学难题的时候，左思右想了一个多小时还是没能算出正确答案，我想即便再多给他一小时，他也未必能解答出来。

可是父母与老师却在一边不断地向他灌输，"你再仔细地想一想"，这只会给学生造成困扰。于是学生陷入了"这样下去我可能考试都要不及格了"的焦虑恶性循环之中。

而我给那位学生建议："你不要思考了，直接看一下答案。"当然一开始就直接看答案是没有任何学习效果的,当通过自己努力,经过左思右想后仍旧无法解答的时候再看答案,你就会有一种恍然大悟的感觉:"啊,原来是这样做的呀"。通过看答案就能牢记解题方法。

只要最后能够得分,用任何方式都可以,我们只要这样想,就能找到许多不同的解决办法。

我自己刻苦地背诵数学的解题方法,然后再解题,之后把这种方法汇总整理成了《背诵数学》,因此在考东京大学医学部的时候,我顺利被录取了。

如果说考上第一志愿学校就是抵达考学的终点的话,那么做数学试卷时不妨放弃那些比较难的数学题,只做基础知识部分,然后从其他擅长的学科上获取分数就行了。总之一句话:不要局限于一种做法。

当一种做法陷入僵局之后,可以尝试找其他的方法。如果每个人都有多种解决办法,当我们面对问题的时候,就不用担心因找不到办法而陷入焦虑了。

我们一起来寻找其他不同的做法吧

有这么一个"母乳喂养神话"的说法,说用母乳喂养的孩子是最好的。但是我也听说有一些母亲因为自己没有足够的乳汁陷入了自我责备的痛苦之中。

很多人说母乳喂养的优点是不会引发孩子过敏反应,而且更加经济实惠,可是其原本目的就是健康地养育婴儿,所以,即便是给孩子喂食奶粉,只要孩子能茁壮成长就行了。

事实上,现在的奶粉中含有丰富的营养,比如含有维生素K,这可是连母乳都可能欠缺的维生素。即便知道这一点,有些母亲仍然纠结于母乳喂养这种单一方法,使自己陷入了深深的焦虑之中。"做法有许多",能够灵活柔软地进行思考是十分重要的。

> 不要局限于一种做法。

如果进展不顺的话，可能是做法有问题 不要局限于一种做法

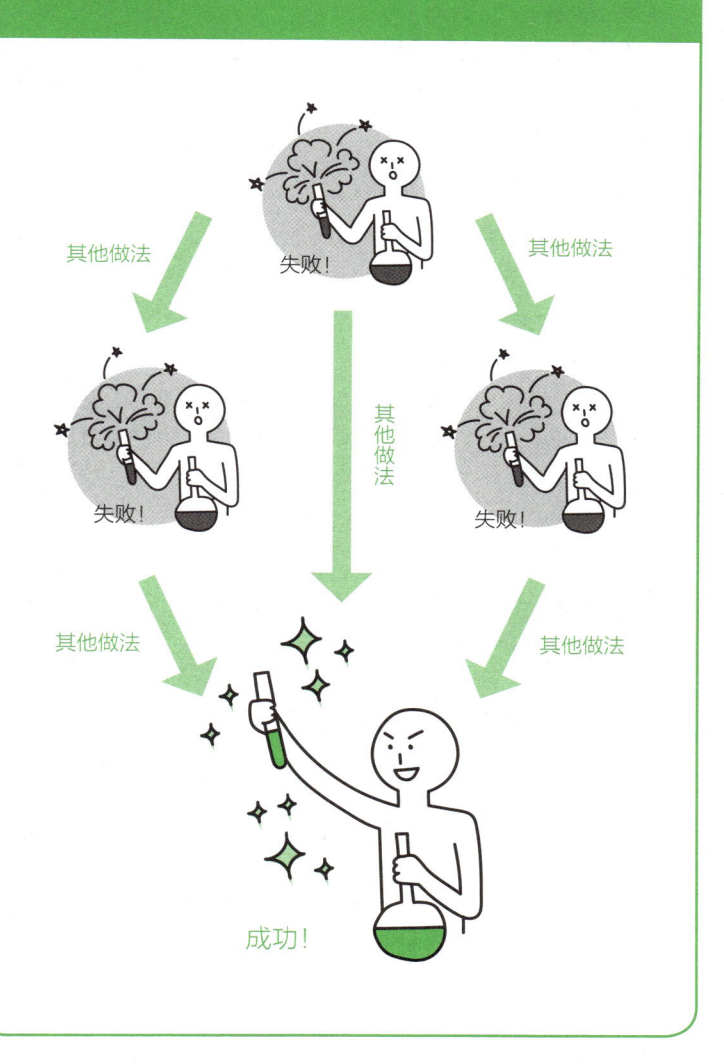

失败！

其他做法 → 失败！

其他做法 ↓

其他做法 → 失败！

其他做法 ↓ 成功！

其他做法 ↓

7
若是拥有"属事思考"这种思维方式，就可以做到冷静判断了

★ 相信"大家都是好人"，还是坚持"防人之心不可无"？

★ 一旦进行"属人思考"就无法发现信息中的错误。

★ 若是拥有"属事思考"这种思维方式，就可以做到冷静判断了。

相信"大家都是好人"，还是坚持"防人之心不可无"？

社会心理学家山岸俊男说，据调查，有些人认为"世间遍地是好人"，有些人则认为"防人之心不可无"。

有人坚信在生活中遇到困难了，总会有他人来相助。

也有人害怕被他人欺骗，总是警惕防备他人，怀疑

他人。

那哪种想法更好一些呢？其实两者需要中和一下。前者认为"世间遍地是好人"，他们关于防备的"雷达"就不会那么敏感，很容易相信别人，很有可能成为一些新型骗术的中招者，不容易分辨一些伪装的坏人。

与此相对，后者总是害怕被欺骗，总是保持警惕、怀疑他人。过于紧绷，不仅不利于在社会中交际，还会伤害一些怀有善意和真正需要帮助的人。

所以，"觉得大家都是好人"和"防人之心不可无"都是一种需要调和的心态。对人对事，多加入一些理性的思考，就能避免心态两极分化，也能避免一些过于感性的错误判断。

属事思考比属人思考更重要

我们所信任之人也可能给我们提供错误的信息。当然，他们并非有意欺骗我们，可能是信息来源出现了偏差，或者错误的信念致使他们发出错误的言论。

从感情方面做出判断就是我们所说的"属人思考"，

这是社会心理学方面的术语，指的是把"是谁说的"作为判断基准的一种思考方式。

因为有些人的判断基准是"A说的话绝对不会出错""B说的话是不对的"，这就是我们说的"属人思考"，特别是类似"东京大学老师说的，一定是对的"这种盲目信从权威人士发言的事例，屡见不鲜。

社会心理学家冈本浩一针对"属人思考"给了提示，那就是"属事思考"。不要以"谁说的"作为判断基准，而应该以说了"什么"做了"什么"作为判断基准。我们只有拥有属事思考的思维方式，才可以对事物相对冷静地进行判断。

> "属事思考"比"属人思考"更重要。

相信他人是很重要的
但是，对信息要存有质疑态度

✗ 属人思考 ➡ 根据"谁说的"来进行判断

××大学

真不愧是……

老师说得对。

因为是××说的，肯定不会错。

有时候就连错误的信息我们也会相信

○ 属事思考 ➡ 根据说了"什么"
做了"什么"来进行判断

虽然不知道是谁说的，但是说得对。

垃圾

可以冷静地进行判断

8
与电视保持一定距离

★ 只要认为节目里播放的那些令人焦虑不安的事情不会轻易发生就行了。
★ 电视是揣度赞助商想法的媒体。
★ 致力于自己能做的事是很重要的。

使焦虑无限放大的媒体

为了缓解焦虑,一个很重要的方法是收集我们身边的信息。这个时候,我们就需要仰仗电视。可是日本的新闻节目或者综艺节目反映的那些事例,很容易令人陷入焦虑。

对健康方面的焦虑,对金钱方面的焦虑,对孩子培养方面的焦虑,对战争方面的焦虑,对强盗杀人事件方面的焦虑……

上述这些引发焦虑的内容会给观众造成一种错觉——

"这些可怕的事情与自己息息相关"。

因此当我们看电视时，不由得会产生以下焦虑："我们家安全吗""这要是发生在我们日常生活中可不得了啊"……并且被无限放大。

恕我说一句不中听的话，有时候电视播放的内容有失偏颇。

例如，日本电视节目播放中学生因校园暴力自杀这种让人惋惜的内容，却没有播放一天将近55个成人自杀的内容，因为成人不是特别受关注的群体，所以也许不会被广泛关注。

电视播放的大部分其实是十分罕见的事例，狗咬人这种司空见惯的事并不会成为什么新闻，可是换成人咬狗反而能成为新闻。其实这就是在告诉我们，只要认为节目里播放的那些令人焦虑的事情不会经常发生就行了。

重要的是不要太在意这些偏颇的信息

大部分电视节目制作单位是揣度赞助商想法的媒体。例如，当发生酒驾事故时，有些讲解员或许会鼓吹"对酒驾应加大责罚力度"等言论，但绝对不会有讲解员认为"应限制那些鼓吹喝酒能让人身心愉悦的广告"。

此外，电视是东京的中心媒体。当发生因大龄驾驶造成的交通事故时，拍摄组对东京巢鸭地区的年长者进行了采访。他们给出了"年纪大了就该把驾驶证交还"等回复。因为在东京巢鸭地区，即便没有汽车也不会对生活造成任何困扰。

电视节目容易扩大人们心中的焦虑，所以收视率会不断上升。当我们看到、听到"晚年资产危机正步步逼近""政府究竟在考虑什么""我们该倚靠什么呢"这些信息时，便陷入了无止尽的焦虑循环之中。

因此，这时候最需要做的就是不用太在意。如果我们对事事都提心吊胆的话，那正中了节目播放者的下怀。一旦我们自己陷入焦虑，就无法行动了，所以重要的是找到适合自己的解决方法并付诸行动。

> 电视中播放的负面内容其实是十分罕见的事例。

电视所播放的负面内容其实是十分罕见的事例

电视的陷阱

1 煽动人们的焦虑

这下事态可变得严重了!

2 举一些极端罕见的事例

当下,少年犯罪正在逐步增加!

3 揣度赞助商的想法

4 以东京为思考中心

9
致力于自己擅长的事

- ★ 弥补自己不擅长的并做出成绩来，很困难。
- ★ 避开自己不擅长的，并非什么奸诈狡猾之事。
- ★ 集中精力做自己擅长的，反而容易轻松地做出成绩来。

不擅长的事情稍后再做也是可以的

越认真的人，越努力想要弥补自己不擅长的。虽说努力做某事是很棒的，但是有时候反而会使自己变得十分辛苦，且陷入焦虑之中。

我们首先要做的不是弥补不擅长的，我们要记住的是，先集中精力做自己擅长的事情，这样更容易得到好的结果。

就像东京大学的入学考试，我们没必要全部考满分，四学科五科目总分是440分，但有些专业仅需220分就能考入。如果能知道这一点的话，在考试的过程中，我们就可以做出判断，放弃那些自己不擅长的题目，专注于自己拿手的题目。与其将精力花费在自己不擅长的地方，还不如将这些精力转移到自己擅长的地方，这样能获得更好的成绩。

在职场也是，那些被称为"能人"的人，通常拥有一技之长，有的"营业额绝对出众"，有的"电话应对得体，堪称完美"。这些人专注于自己擅长的领域，遇到不擅长的事情就拜托其他人，委婉地避开了自己不擅长的领域。

当然这样的行为并不意味着什么奸诈狡猾，这是以在同样的工作时间内怎样做才能得到最好结果这样一个基准为前提，做出的选择。以此为前提，为了避免浪费有限的时间，我们要尽可能地发挥自己的最大优势。

觉得自己什么都可以做好的这种想法原本就是一种自大的心理。对自己做不了的事情谦虚一点，反而能有意想不到的收获。

我也是专注于自己擅长的领域，尽可能地避开自己不擅长的领域，因此我从来不接近体育。

容易看到他人优点的心理

有些人有一种心理，那就是看他人的时候很容易看到别人的优点，可是看自己的时候，就很容易看到短处。

例如看到藤井聪太[①]在二冠活跃的场景，我们就会觉得，"他好年轻啊""与他相比我就……"但是对藤井来说，他应该也有不想对人说的烦恼。

当我们看到职场上的同事，或是学生时代的同学时，可能会因为他们现在风生水起而特别羡慕。可是你可能想不到的是，你或许是他们羡慕的对象呢。

因此，我们有必要努力发现、拓展自己的优点。

> 专注于自己所擅长的领域，反而能够得到好的结果。

---

① 藤井聪太：日本著名将棋棋手。

与其被困在自己不擅长的领域
不如集中注意力做自己擅长的事

过分认真不懂得变通的人

能人

努力做自己不擅长的

集中注意力做自己擅长的

拜托

继续辛苦

巧妙回避不擅长的

得不到肯定，越来越焦虑不安

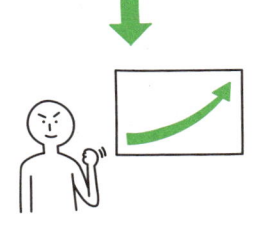

有了极好的效果

10
思考任何事情时都要懂得事物兼具两面性

★ 世间万物都有两面性。
★ 过于关注坏的一面，很容易忽略其他机会。
★ 要养成发现事物好的一面的习惯。

世间万物兼具两面性，既有好的一面，也有不好的一面

我们只要拥有积极正面的想法，就不会被焦虑带偏，但是，即便能够理解这个意思，心里仍觉得可能会进展不顺。

谁都会产生负面悲观的想法，当自己情绪失控、陷入悲观负面境地的时候，即便朋友能轻快地对你说"你要更阳光一些哟"之类的话，也是无济于事的，反而可能会让

自己更加焦虑不安。

因此，关键的一点就是不要勉强自己"积极地"去思考，而要理解世间万物兼具两面性，在看到"坏的一面"时找到隐藏的"好的一面"。

简单来说，就像是硬币有正反两面，凡事必然有好的一面和坏的一面，这个好坏没有绝对性，从不同的立场角度出发，好坏的定义可能也会不同。

举例来说，你因为害怕钱不够在购物时会犹豫再三，这时你心里会有这样的想法："如果这次我奢侈一把的话，回头就该吃土了""如果想要就买，这可并非长久之计"。

从其他人角度来看，可能会觉得你有点吝啬，是个守财奴。

如果你换位思考的话，也可以把这种再三犹豫理解为是好的一面，主张环保的人士会觉得这种行为就是不做无谓的浪费。只要你从好的一面来思考，缺点也能成为优点和才能。

因此没必要强迫自己一定"积极"思考，因为世间万物兼具两面性，我们只要多多看向好的一面就行了。

养成关注好的一面的习惯

了解事物兼具两面性，并养成关注好的一面的习惯，如此一来我们的生活就会变得轻松起来。

看残疾人奥林匹克运动会我们就能清楚明白这一点。他们能坦然自若地直视自己的短处，并专注于如何发挥自己的特长，所以作为运动员来说他们是成功的，并且活得如此鲜活，像怒放的花朵开得绚烂。如果他们只关注不好的一面，根本不会想到要当运动员了吧。我们可以从他们身上学到许多可贵的东西。

如果我们总是盯着不好的一面，当机会来临时，我们很可能会没有注意到，就那么白白地错过了，其结果就是被焦虑左右。因此我们要能意识到世间万物兼具两面性，要养成关注好的一面的习惯。

> 任何事都有两面性，要养成关注好的一面的习惯。

世间万物都有"好的一面"和"不好的一面" 让我们专注于"好的一面"吧

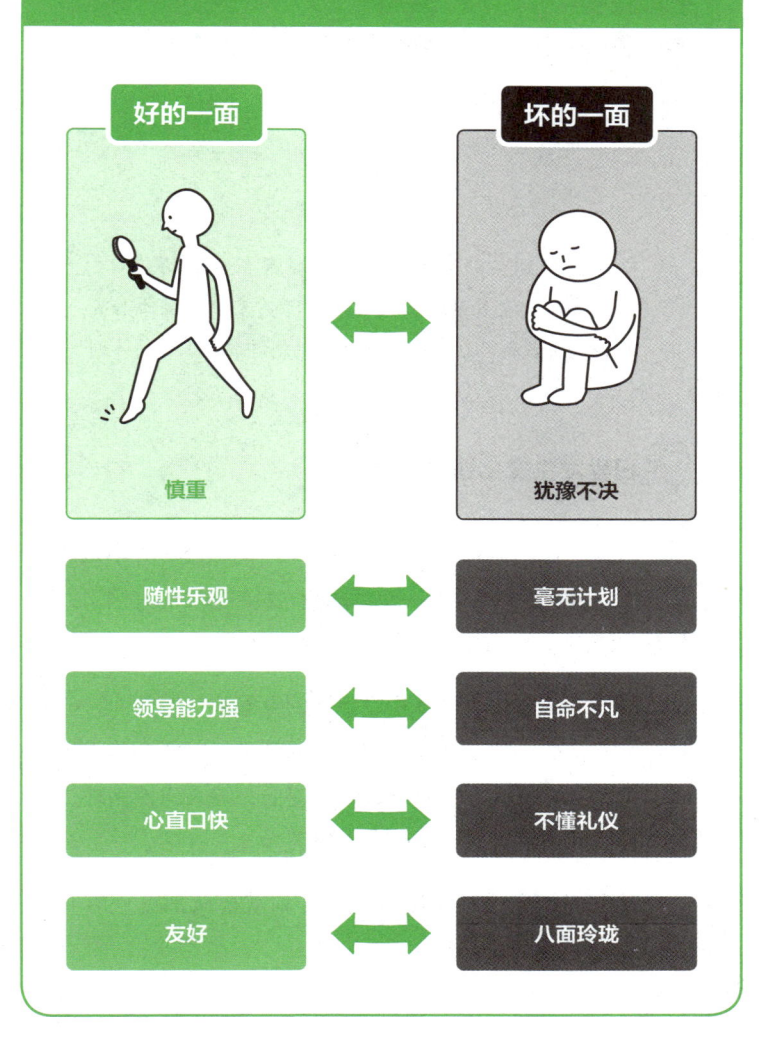

好的一面		坏的一面
慎重	↔	犹豫不决
随性乐观	↔	毫无计划
领导能力强	↔	自命不凡
心直口快	↔	不懂礼仪
友好	↔	八面玲珑

11
享受游刃有余地改变最初计划的乐趣

★ 要意识到"计划发生变化是非常正常"的。
★ 通过计划之外的活动能拓展人际关系以及工作渠道。
★ 确定好日程计划表的时候就可以制订准备工作的计划。

日程发生变化是非常正常的

就像我们一直挂在嘴边的那样,有些时候过程并不是最重要的,最重要的是结果。只要能达到最终想要的好结果,就不能拘泥于原先设定的方案或日程计划表。

那些一味要按着"日程设定"的方案来执行的人,一旦有突发情况,使得原有计划无法顺利进行时便会陷入焦虑,且因为心情焦虑不安导致效率变低,陷入恶性循环,最终得到的结果自然与预想的有很大偏差。

让我们摈弃这种"制订好了计划就要按部就班将其

付诸行动"的愚蠢想法吧。就连我自己,每天制订好计划后,从一天开始到晚上就寝,这计划就反复变更了许多次。

例如,很多人一开始约定好一小时后在某地碰头,可有时会因为突发状况改期;或是有人写稿的时候突然接到朋友的电话,最后只能急匆匆地用餐。

不过我倒挺期待这些突发的状况的,因为根据我的经验来说,这能大大改善自己的人际关系,并且拓展自己的业务范围。

首先,对自己说"计划发生变化是非常正常的"。因为归根究底,计划只是个大致目标。即便计划发生了变化,只要不影响最终结果也就行了。

懂得随机应变的人,不会错过好机会。因为会遇到各种情况,获得各种经验,对个人成长也是极为有利的。

提前预留缓冲时间的小窍门

在制订计划的时候,要做好随时可能发生变化的准备,这一点十分重要。

例如，我们在考资格证的时候，以合格为目标，一周（以7天为预设）要复习50页的习题集，平均折算下来，一天差不多复习7页，这个有点难。如果换作我，我会把一周学习时间预设为5天，然后周一到周五，每天复习10页。

开始学习后，可能会发生"哎呀，我感冒了""因为一直在加班，没足够复习的时间了"等预料之外的事情，所以导致到周五为止只复习了40页。

这个时候，只要在周六将剩余的10页复习完就好了，而且周日可以回顾一周的内容，复习一次。如此一来，一周不仅不紧张，还能复习，这不是很棒吗？

总而言之，在制订计划表时，提前预留缓冲时间很关键。只要计划表制订得比较宽裕，即便出现突发事件，你也能游刃有余。

> 比起按部就班执行计划表，能够获得良好的结果才更重要。

计划发生变化是很正常的 重要的是要懂得灵活应对

早上 因为整理资料时间被拖延了

中午 突然要开会

晚上 朋友邀请你参加研讨会

12
要明白，旁人看你不会看得那么仔细

★ 旁人看你不会看得那么仔细。
★ 要学会接纳现在的自己，珍惜现在的自己。
★ 重要的是为了让自己成长，付诸行动。

旁人看你不会看得那么仔细

我曾经去演讲会之类的场所做过小小的实验。我在听众面前发表了10分钟左右的演讲，然后站到演讲台后面，演讲台遮住了我的下半身，我又用夹克盖住了上半身。

这时候，我向台下的听众发问："好了，大家回想一下我今天穿的什么衣服？"

当然记忆力好的人能记住我刚才的着装，并回答正确，但是大多数人的回答是错误的。甚至我明明没有系蓝色领带，可是有人却十分认真地回答道："你系着蓝色的领带。"仅从服装方面我们可知，旁人在看你的时候，并没有像你认为的那样看得么仔细。

容易焦虑的人，对旁人的眼光十分在意且敏感。因为他们十分在意别人是怎样看待自己的，担心如果发表了什么言论，会不会被人嫌弃，因为想得太多，越发紧张不安了。

有些人因为太过在意别人对自己的看法，导致不知道自己该怎么做。可是，如果你不付诸行动的话，就不会有任何改变。我已经阐述了很多次，周遭的人并没有那么空闲，没有人会像你认为的那样，看你看得那么仔细。

该如何做才能让优秀的人注意到自己

十分在意他人看法背后真实的原因其实是"希望优秀的人能够注意到自己"。

你最应该做的是，好好关心自己，珍惜自己。想让优秀的人注意到你，你需要做的不是一边在意他的看法一边行动，你需要做的是工作的时候努力工作，做出成绩来，当身边有人陷入麻烦，需要帮忙的时候，伸出援助之手。

有这么一部分人因为过于在意旁人的看法，在进行商业谈判或者参加会议时，畏首畏尾，不知如何是好。他们害怕自己说出不合时宜的话，导致大家厌恶自己，因而过度焦虑，直至哑口无言。

我们把这样的人称为完美主义者。他们总觉得谈话时应该更风趣幽默，充满见识，但又觉得自己根本达不到这样一个层次，整日惶恐不安。

为了能够克服这一点，我们要学会坦率地接纳现在的自己，然后为了让自己得以成长，采取行动就好了。

> 旁人看你不会看得那么仔细认真。

因为旁人根本没有在仔细看你 所以没必要那么在意

演讲会

好了,大家回想一下,我刚才穿了什么衣服?

答案五花八门

13
试着借鉴指南，然后改变自身

★ 凡事试着做的时候才会发现需要明白的事情有很多。
★ 一开始做事的原则是借鉴已有的做法（指南）。
★ 重要的是经过反复试验、不断摸索之后找到最好的方法。

借鉴已有的做法来行事比较轻松

有些事越思考越焦虑，不如放手一搏试着做做看，有时反而可以消除焦虑，并且明白该如何应对。而且，凡事试着做的时候才会发现需要明白的事情有很多。

例如，你跳槽进了新公司，将要从事的行业是你从未接触过的，没有任何经验。此时你就需要边听从公司前辈的指点、上司的建议，边看边模仿再进行工作。

但是一开始你可能没那么快就能上手，在这种时候，你无视前辈提供给你的工作指导，或是同事们给予的建议，一意孤行地按着自己想法开展工作，这样好不好呢？我觉得还是应该按照已有的做法（指南）或者建议来进行工作更好。

当然我并非认为已有的方法就是最好的，但这是一个原则性问题，当你接触不擅长的领域时，首先就应考虑参考已有的方法（指南）。

现有做法（指南）的便利之处在于总结了迄今为止的各种好的做法，参照现有做法不仅可以有效节约时间，还可以少走弯路。

一边改善现有方法（指南）一边运用到工作生活中

我们精神科医生学习的是弗洛伊德、阿德勒[①]、罗杰斯[②]等许多前辈们的理论和方法。

[①] 阿德勒：此处指的是奥地利精神病学家阿尔弗雷德·阿德勒，他是个体心理学的创始人、人本主义心理学的先驱、现代自我心理学之父。
[②] 罗杰斯：美国心理学家，人本主义心理学的主要代表人物之一。从事心理咨询和治疗的实践与研究，并因"以当事人为中心"的心理治疗方法而驰名世界。

但是我们不能将学到的理论死搬硬套。若是无视患者的反应，死搬硬套地对其进行心理指导，有时候可能就会出现问题。有的患者会勃然大怒，有的患者会病情恶化，每个人的反应都是不同的。

因此，我们不能死板地不知变通，需要结合实际情况灵活地运用已有的方法。我们需要观察患者的具体反应，然后改变说话方式以及询问方式。

当患者的反应不是太好的时候，那就要判断现在的谈话方式或者做法是否适合该患者，是否要选择其他适合患者的方法。唯有这样能随机应变的人，才能称得上是真正优秀的心理咨询专家。

所以重要的是以已有的方法（指南）为基础，反复试验，不断摸索，找到最好的方法。若是进展不顺的话，只要加以改善就好了。

> 在还没有适应新环境、新工作之前，暂且借鉴已有的做法（指南）吧。

即便一开始进展不顺也没关系
反复试验，不断摸索，找到最好的做法吧

1 首先参考已有的做法（指南）

如果有现成的做法（指南）的话，加以参考会更轻松一些

2 改变现有的一些做法

不必浪费精力做那些没必要的事情，将做法变得更简便一些

3 找到最好的做法

经过反复试验，不断摸索之后找到最好的做法

14
失败并非可怕之事

- ★ 人总会很快忘记他人的失败。
- ★ 若是不断重复失败的话，人会对失败产生畏惧心理。
- ★ 没必要沉浸在失败之中，谁都会有失败的时候。

只要是人，谁都会有失败的时候

无论是参加资格证考试还是创业，只要有竞争，就有胜出者，也必然有失败者。纵观古今，只有极少数的人逢战必胜，大多数人都有过失败的经历。

我们可不能因为一次失败就对以后充满了绝望，最不好的是经历过一次挫折后，对失败充满了畏惧，就连挑战都不愿意尝试了。什么都不肯尝试是无法改变现状的。如果失败了，从中吸取教训，掌握成功的关键，再尝试一次就行了。

大发明家爱迪生曾说："我从未失败过，只是找到了一万个行不通的方法而已。"

和我同年级的一个学生就是如此，虽然他中考失利了，但之后通过高考与我考取了同一所学校。他之后就读于东京大学医学部顶级班，并顺利毕业成为我们同一期最早拿到教授职称的人。失败并不可怕，只要吸取了其中的教训，就有可能反败为胜。

多次失败之后，人会产生类似免疫的功能，这样就不会再畏惧失败，"原来，每一次失败都是在为将来的成功做积累"，只要有了这样轻松的想法，就不会畏惧挑战了。

即便是遭遇了挫折失败，只要鼓起勇气重新再来就好了。不断进行挑战，总有一天会成功的。

即便失败了也没什么大不了

经常有一些官员因为丑闻缠身被免职。虽然媒体会大肆宣扬这些负面信息，导致他们被众人指责，可数年后他们很可能会重回国会，以一副理所当然的嘴脸继续他的议员生涯。

也就是说，人总会很快就忘记他人的失败。当然这不是什么值得赞美的事例，我想要传达的是我们没必要对失败耿耿于怀。

此外，即便你在职场上闯了严重的祸，也不会立马就被解雇。

因为很难想象，失败了的话，一个公司就要一个人承担所有的责任。

因为工作是团队合作完成的，虽说上司与下属的责任各不相同，但是一旦失败的话，大家都有责任。

因此，失败了也没必要焦虑会一个人承担所有的责任。

> 没必要遭受一次挫折失败就陷入绝望。

不论是谁都会有失败的时候
不要畏惧失败，进行挑战吧

失败的教训1 可以学会更好的方法

> 下一次就能成功了！

失败的教训2 不断失败会产生免疫，就没什么好害怕的了

> 失败是成功的积累。

失败的教训3 只要不放弃，坚持下去，总有一天会成功的

> 太棒了！

失败的教训4 提高人的抗压能力

> 你，失败了吗？

> 根本就没记住。

失败的教训5 没必要一个人承担所有的责任

责任

妥善处理焦虑的训练②

问题1　因焦虑而烦恼时应该怎么做？

A　不告诉任何人，自己一个人焦虑。

B　试着找人倾诉。

问题2　如果同一个做法反复失败应该怎么做？

A　试着尝试其他做法。

B　不断尝试同一个做法，直到成功为止。

答案

问题1　B　　问题2　A
第57页　　第76页

问题3　怎样判断信息的对与错？

A 根据"是谁说的"进行判断。

B 根据说了"什么"、做了"什么"进行判断。

问题4　怎样"消化"电视上传播的信息？

A 新闻里播放的很少会发生。

B 相信新闻所言，变得焦虑。

答案　问题3　B　问题4　A
第81页　第84页

| 问题5 | 想有好的成绩应该怎么做? |

A 克服自己不擅长的事情

B 集中全力做自己擅长的事情

| 问题6 | 想掌握好的方法应该怎么做? |

A 以已有方法(指南)为基础

B 无视已有方法(指南),以自己的做法自成一派

答案

问题5 B　第89页　问题6 A　第105页

第 3 章

以平常心过日子的 10 种方法

以平常心过日子的 10 种方法

只要你还活着，就会有焦虑产生。无论如何，只要你能够接受焦虑，就可以用一颗平常心生活。

要点1
首先尝试采取行动
只要行动起来就有机会，不要担心产生负面影响。

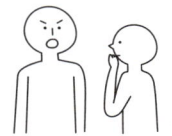

要点2
从力所能及的事着手
对那些无法改变的事，再怎么哀叹也无济于事。努力寻找自己力所能及的事，并努力去做。

要点3
集中精力做自己该做的事
当集中精力做自己该做的事时，就会忘记焦虑。

要点4
创造享受孤独的时间
如果你厌倦了关注别人，你要做的就是抽时间享受孤独。

要点5
找一个让自己感觉安心的场所
如果只待在学校或者工作的地方的话，很容易变得没办法坚持自己的观点。

要点6
试着把自己的焦虑写出来
通过书写，可以明确什么是"可以做的"，什么是"不可以做的"。

要点7
找一个和你处于不同环境的倾诉对象
如果有一个人能够客观地为你分析为何产生焦虑的话，你也将能够以不同的角度来看待它。

要点8
一周内什么都不做
如果一周什么都不做的话，就会特别想去做点什么。

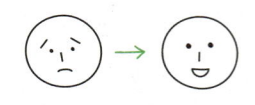

要点9
活出本我
人是不能完全控制自己的。接纳自己本来的样子，活出本我，是比较明智的对付焦虑的办法。

要点10
拥有日常娱乐
当你玩得开心的时候，就可以摆脱焦虑。

1
即便有所焦虑，也要敢于行动

- ★ 人只要活着，就会有焦虑产生。
- ★ 只要行动起来就有机会，不要担心产生负面影响。
- ★ 即使感到焦虑，马上采取行动也很重要。

焦虑是不会消失的

感到强烈焦虑的人总是试图以某种方式来摆脱焦虑，或者试着用一颗坚强的心来克服焦虑。

但是，只要我们活着，我们的焦虑就永远不会归零。森田正马将平常心描述为"单纯之心"。简而言之，就是我们要这样考虑：无论如何焦虑都会伴随着我们，我们大部分时间都会活在焦虑中。

即便感到焦虑，也要敢于行动，这是非常重要的。例如，有些人在面对他们最喜欢的异性时不敢表白，总是担心要是被对方拒绝了该怎么办,由于过度紧张导致都挪不动身体了。

但是,不主动表白的状态和被拒绝也差不多。曾经有一个人这样对我说:"能考上东京大学真是很了不起,我可做不到。"我回答他说:"如果你不去参加考试的话,那你肯定是考不上的。"

这可能听起来像是一句讽刺的话,但这就是事实。无论是谁,只有去参加考试,才会有机会通过考试。这比什么都不做向前迈出了一大步。

即便向异性表白被拒绝了,只能就此放弃,那也并非一件坏事,因为至少把自己对对方的好感传达出去了。说不定在几年之后,你们两个人会因此突然走到了一起。

只要行动起来就有机会,不必担心产生负面影响。

"只要你试着去做,就会有所收获"是至理名言

C先生应一位朋友的请求在其结婚仪式上致辞,他决定接受。本来,C先生不擅长在公共场合讲话,于是他准备了演讲稿,并反复练习了很多次,但是他的焦虑并没有

消失。最终，婚礼那天他带着焦虑的心情站在了礼宾台上。然而，当他真正站在礼宾台上时，因为聚光灯都打在他身上，他看不清在场的人的脸，结果自然而然地放松了心情。

尽管C先生说得并不顺畅，但是他那朴实无华的说话方式给人留下了很好的印象，反而成了一次非常精彩的演讲。

"只要你试着去做，就会有所收获。"这是C先生的坦率想法。这也就是人们常说的那句："行动永远比想象要重要。"

> 只要你试着去做，就会有所收获。

即便感到焦虑也是可以的
那就带着焦虑行动吧

如果不行动的话，就什么都不会改变

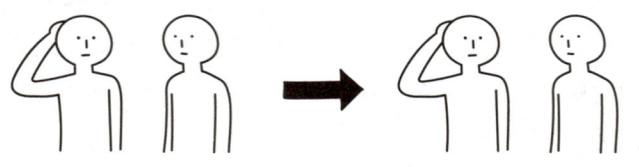

不表白 → 两个人在一起的可能性永远是零

要是行动就有可能

请和我交往吧。

概率10% 对方说"OK" → 太棒啦！ / OK（好的）

概率10% 诶?! / 我和他分手了。
过了一段时间关系突然拉近

概率50% 好的。 / 先从普通朋友开始吧。
让对方开始对自己有好感

2

既然无法改变，不如就这样接受

★ 把事情分为"能够改变的"和"无法改变的"。
★ 积极地专注于"能够改变的事"。
★ 刚开始不要去处理困难的问题，要从简单的事情着手。

尽力去做能够做到的事

当你感到焦虑时，需要牢记一些主要原则。不管怎样，努力专注于能做到的事和能改变的事。如果你总是为无法解决的事情烦恼，不去采取行动，那么你的焦虑只会增加。

例如，有些人为自己在人前讲话害羞而烦恼，因为他在人前总是很害羞，所以他就认为自己在社交方面有障碍。

如果到目前为止，你已经做了很多努力，但不管怎么做还是会感到害羞，在这种情况下，你就应该接受自己容易害羞这一事实，然后努力去做一些其他的、可以让别人对你产生好感的事。你可以做的事情很多，比如改变说话方式、穿着整洁得体，等等。

任何人都不可能被所有人喜欢。我也经常感觉到被不熟悉的人讨厌。被不熟悉的人讨厌，实在是自己无能为力的事情。

但我们可以尝试让那些和自己有关系的人更喜欢自己。这也是我喜欢召集朋友和熟人一起聚会的原因之一。

即使在公司破产、失去工作时也可以如此。未来自然是充满不确定性的，然而"失业"这一事实已经无法改变。

但是，未来又具有无限多的可能性。现在我们可以和朋友聊天、考资格证、去职业介绍所试试等，有很多可以做的事情。

如果你有时间为无法改变的事情哀叹的话，不如赶紧行动起来，去寻找自己能够做到的事情吧。

不要试图改变他人

"无法改变的事"之中,最难做到的就是试图改变他人。比如,职场中总会有那么一个人和其他人格格不入,总是说一些不合时宜的话。只要一想到"我还要继续和这样的人一起共事",就让人感到非常焦虑。

但是,我们无法改变他人,能够改变的只有自己。在这种情况下我们可以努力寻找解决方案,比如专注于自己的工作,尽量不要和这样的人打交道,或者和自己的上司谈谈,表达一下自己想换个岗位的想法等。

能够改变自己的人生并使之向好的方面发展的人,就是那些专注于"能够改变的事"并努力去改变它们的人。

> 不必担心无法解决的事情。

放弃做不到的事
致力于能够做到的事

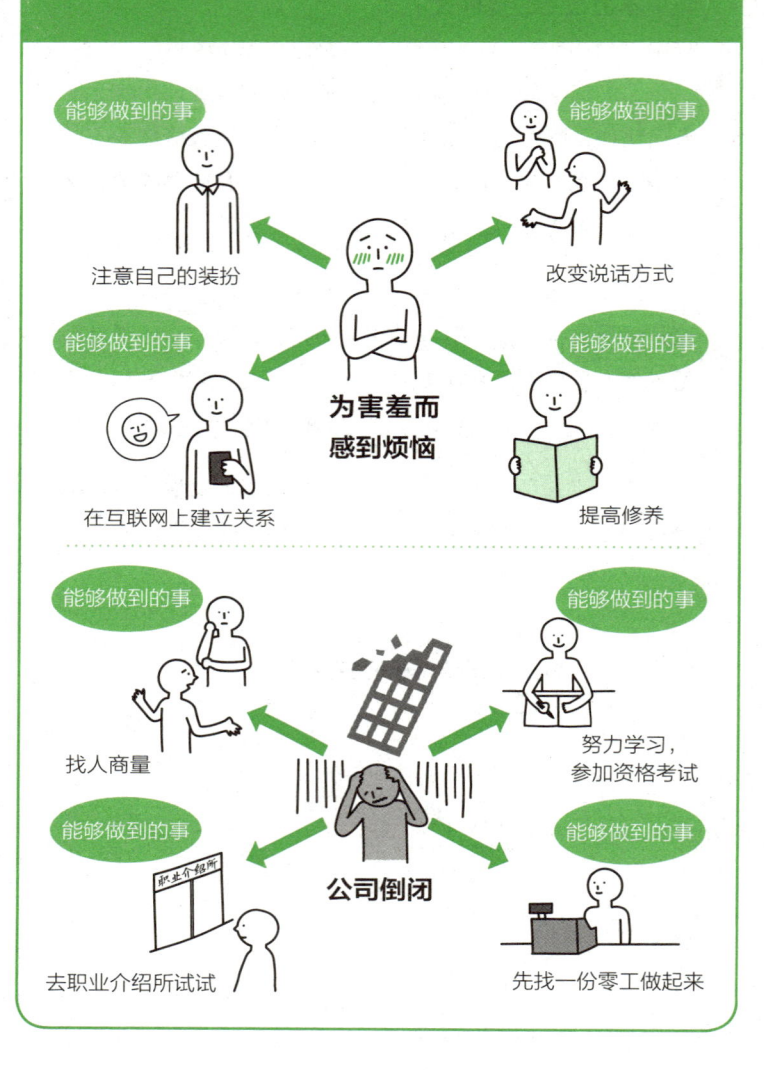

为害羞而感到烦恼

- 能够做到的事：注意自己的装扮
- 能够做到的事：改变说话方式
- 能够做到的事：在互联网上建立关系
- 能够做到的事：提高修养

公司倒闭

- 能够做到的事：找人商量
- 能够做到的事：努力学习，参加资格考试
- 能够做到的事：去职业介绍所试试
- 能够做到的事：先找一份零工做起来

3
不要忽略自己小小的焦虑

- ★ 如果对"小焦虑"放任不管的话,你会越来越难受。
- ★ 即使感到焦虑,也要努力做好该做的事。
- ★ 当我们专注于该做的事情时,就不会注意到焦虑了。

我们在日常生活中随时都可能会产生"小焦虑",放任不管的话,"小焦虑"就会让人越来越痛苦。

所谓小焦虑,就是那种即便我们知道它没什么大不了的,但是偶尔想起来的时候还是会让自己胸口发闷的焦虑情绪。它就像扎在心里的一根刺一样。

例如,从朋友那里借了一套影碟,"虽然知道一定要还给人家,结果还是忘记了。"当我想起这件事时,我的焦虑情绪就会不断膨胀,心里总是想着"人家可能会生气"或者"这可能会导致关系疏远",结果让自己感到不舒服。

此时，如果能够立马决定"干脆赶紧还给人家吧"，归还了的结果会如何呢？朋友可能会说，"我都忘记借给你这件事了"，也许会说"你还得有点迟了啊"。

但是不管怎样，可以肯定的是，你此刻的感觉已经和刚开始的感觉不一样了。心中那种折磨人的痛苦一下子都消失了，心情彻底恢复了平静。

每一个小焦虑都是一个微不足道的问题。但是，你总是被那个小问题左右也是不争的事实。

如果你注意到自己产生了小焦虑，不妨大胆地去尝试解决它。这是保持平常心的秘诀之一。

专注于每天必须做的事，焦虑也许仍然存在，但不要以此为借口而不采取行动

有些人能够不被焦虑牵绊，是因为他们能够承认自己的焦虑，并在此基础之上专注于他们需要做的事情。

对于职场人士来说，可以查看电子邮件、致电业务合作伙伴以及制作会议材料等等，有很多可以做的事。如

果是家庭主妇的话，能做的事也是非常多的，比如照顾孩子、打扫卫生、购物、准备晚餐等等。

如果你因为焦虑什么都不做，那你的生活将无法继续，并且只会让自己变得越来越焦虑。

另一方面，当你专注于要做的事情时，你就会忘记焦虑。当解决掉一项小任务时，你会松一口气，心情会很轻松。你可以获得一点成就感："今天我也很努力呢。"与此同时，焦虑也就消失了。

每天消除一点小焦虑！

只要消除了"小焦虑"
心情就会为之一爽

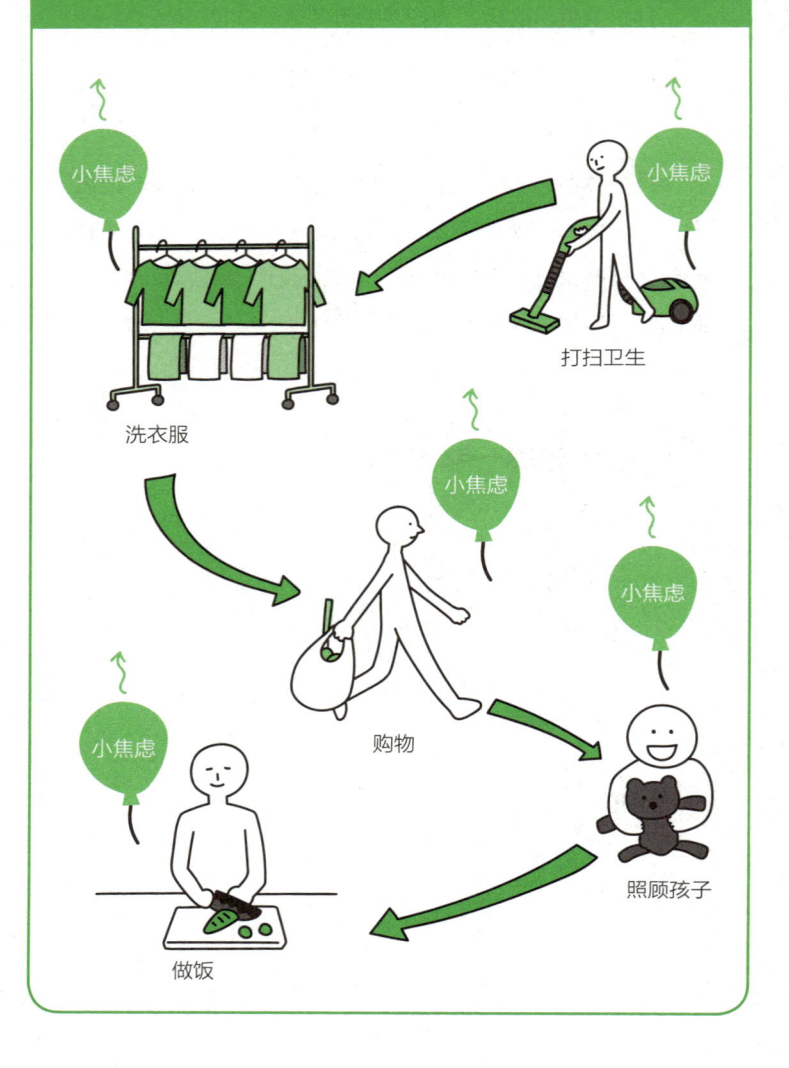

小焦虑 — 洗衣服

小焦虑 — 打扫卫生

小焦虑 — 购物

小焦虑 — 照顾孩子

小焦虑 — 做饭

4
珍惜自己的世界，享受一个人的孤独时光

★ 没必要担心不合群。
★ 享受孤独的时光也是非常重要的。
★ 如果你能够充实地度过独处的时光，就没有必要去迎合别人。

独处其实出人意料地有趣

有些年轻人，他们仿佛非常惧怕被别人排斥。因为害怕不合群，所以他们拼命地在网络上与人保持联系，在学校中、在职场上努力地跟着周围人的步调。

你没有必要害怕不合群。即便你被排除在外，只要有意义地度过自己独处的时间就可以了。

每个人都会有独处的时间。无论是公司里的同事还是

学校里的同学，都会有一个人的时候。一个人吃饭，一个人乘车，有些人还是独自一人生活的。

确实，我们有很多时间是在公司或者学校中度过的，但总的来说，这也只不过是人生的一部分而已，并不是人生的全部。

有很多人正在积极地享受独处时光

有的人喜欢一个人去旅行，有的人喜欢一个人看电影。如今，一个人去唱歌，一个人去吃烤肉也是很平常的事。"一个人真是自由啊""喜欢做什么就可以做什么"，能够这样想的人，是不会消极地看待孤独的，反而能以一种轻松自在的心情度过独处的时光。

每个人都应该拥有能够享受独处时光的感性意识。如果你厌倦了一直关注别人，只要为自己创造享受孤独的时间就可以了。

拥有了自己的世界就可以自由

一直待在房间里享受游戏和动漫的人，常被人说成过着孤独的生活，但是我不认为这样的生活就一定是不好的。

把时间花在自己喜欢的事情上，是一件非常幸福的事。所以比起必须关注他人而自己不断积累痛苦的生活，独处更加自由和充实。其中有些人通过学习游戏和动漫而成了专家并有收入。这样的人可以说是非常幸福的。

即使你不善于与人沟通，如果你能够拥有一段充实度过的独处时间，你就没有必要强迫自己接受周围的环境，也不需要担心一个人很寂寞、被别人孤立之类的事情。这是一种自由且不受焦虑支配的生活方式。重要的是不要去迎合别人，要拥有属于自己的世界。

> 给自己一段享受孤独的时间吧！

创造独自享受生活的时间
没必要担心不合群

一个人唱歌

一个人去吃烤肉

只要拥有了自己的世界,一个人也会轻松愉快

一个人去旅行

一个人玩游戏

5
寻找职场以外的容身空间

* 在你的工作场所之外或学校之外创造一个容身空间或避风港。
* 只要一想到自己还有别的地方可去,就可以勇敢地说出自己的想法。
* 拥有多个容身之处的话,焦虑就会变少。

我不是只有一个地方可去

如前所述,只有一个容身空间的人更容易被焦虑捆绑。因为他不得不一直怀有"工作是我的一切""如果不喜欢职场的话,那什么都完了"等诸如此类的想法。

而那些认为"工作场所只是自己容身之处之一"的人,则会游刃有余。因为他们不必担心自己被人讨厌,可以坚持自己的观点,所以工作场所也会成为一个让自己心情舒适的地方。因此，除了工作场所或学校，创造一个容身之处或避风港是非常重要的。

比如职场中的人际关系，可以归类为业务上的交往，可以与同事保持距离。即使被邀请去参加酒会之类的活动也可以不去，而更重视与家人相处的时光。如果在家里没有容身之处的话，那就去报名参加一个兴趣班或社团活动。

商务人士D先生在下班后，每周参加两次在线英语会话课程。那个英语会话班是和两三个同学一起学习的，进行讨论的同时还可以提高英语口语技巧。

参与者都是与自己同年龄段的商务人士。因为大家都有类似的工作上的烦恼，所以很快就熟悉起来，成了好朋友。即使在课程结束后，也保持了频繁的交流。

"我要参加托业考试[①]，考个高分，实现海外工作的梦想。"

"我想跳槽到外企去工作。"

---

① 托业考试：针对在国际工作环境中使用英语交流的人们指定的英语能力测评考试。

一起讨论彼此的梦想是非常快乐的时光。自从上英语会话课后,D先生注意到他在职场和家里感到的那种窒息感已经消失了。

找到一个可以让自己感到安心的场所,就不会被焦虑拖累。

找到了容身之处,焦虑就会变少

不必刻意去寻求建立新的人际关系,重要的是要在职场或学校之外找到自己的容身之处。

在健身房一个人默默地流汗,或者以志愿者的身份去参加社区清洁活动。只要你能够在那样的地方找到属于自己的容身之处,选择什么样的方式都是个人的自由。

拥有多个容身之处的话,心中的焦虑就会变少,你就可以与焦虑保持一定的距离。

> **拥有多个容身之处的话,焦虑就会变少。**

过分依赖于职场的人
试着去寻找其他的容身之处吧

✗ 除职场以外没有容身之处的人

> 离开了这里，我就没有地方可去了。

容易走投无路，容易被焦虑捆绑

○ 拥有多个容身之处的人

| 兴趣 | 学习 | 志愿者 |

在精神上游刃有余

6
试着具体写出来

- ★ 把焦虑的事情写出来可以让自己冷静下来。
- ★ 即使处于烦恼之中也要积极地去做"能够做到的事"。
- ★ 试着把事实和想法分别写入日记。

试着写出来就可以进行整理

在处理焦虑时,"试着把焦虑具体地写出来"是很有效的。

当你写下你的焦虑时,首先,你就可以清晰地知道自己"能解决什么"和"不能解决什么"。此外,我们可以将焦虑分类为发生概率较高的和发生概率较低的。如果我们优先考虑"能够解决的"和"发生概率较高的",这将是一个非常有建设性的处理方式。

写的时候,重要的是记录态度,而不是记录发生了什么。森田疗法的关键词之一是"不问症状",即"不要关注那些困扰你的症状"。

例如,当你头疼的时候不要写"头疼",而要写"头疼时你做了什么""当你行动的时候发生了什么事"。

运用森田疗法时,我会这样询问:"你头疼啦,然后呢?"对方回答:"我头疼,所以没有去参加会议。"然后我又接着问道:"你没有去参加会议,但是你有没有做点别的什么呢?"

就这样,通过深入挖掘在那样的情况下你采取了什么样的态度,你就会渐渐地把注意力转移到自己做到的事情上,例如"我至少检查了电子邮件"。

当我们试着把它写下来时,我们会意识到让自己焦虑的其实不是一个大问题。或者说,我们可以发现我们总是为大致相同的一些事感到焦虑。甚至可以说,只要把它写出来,我们就可以变得平静了。

把事实和想法分别写下来

非常推荐你写写日记。写的重点是将事实与想法分开。例如，假设在公司里，你被领导叫了过去。当你开始担心"我是不是要被调走"的时候，其实就是把事实和想法混淆了。

在这种情况下，"被领导叫过去"是事实，"也许会被调走"是一个想法。如果能把这两者分开写出来，就可以理解为"我还不一定会被调走"。

在把事实和想法区分开之后，我们只要试着考虑一下这个想法可能发生的概率就行了。假设你写了"被调走的概率是70%"。那么，剩下的30%可能是另一种情形。对各种可能性都加以考虑，就可以摆脱假设带来的焦虑。

> 把让你焦虑的事情写出来，可以让自己冷静下来。

试着把焦虑写出来 就能建设性地思考了

把焦虑写下来的要点

1 不要写症状,而要写态度

例如:虽然我很焦虑,但是我还能正常工作

⬇

2 专注于"能够解决的事"和"发生概率较高的事"

例如:首先努力完成眼前的项目

写日记时的要点

1 把事实和想法分开写

例如:事实(我被领导叫过去了)
想法(他可能会对我说要把我调走)

⬇

2 考虑各种可能性

例如:调走的概率是70%
升迁的概率是10%
降职的概率是10%
只是闲谈的概率10%

7 找他人做你的导师

- ★ 向导师寻求建议。
- ★ 把焦虑当作一个学习的机会。
- ★ 接触不同的世界和价值观很重要。

向你的导师寻求建议

以提倡"失败学"著称的东京大学名誉教授畑村洋太郎提出了一个有趣的想法——让一位退休的普通员工成为公司的咨询顾问。

当员工向顾问表达他们的担忧和焦虑时,因为顾问既熟悉公司的情况,又不和公司有任何直接利害关系,所以顾问会给出非常具体的建议,比如"你犯的这点错误没什么关系的""只要跟××部门的××先生打个招呼就没事啦"等。这是一个非常有趣的提议。

不管怎样,有这样的导师(指导者)是很重要的。我们需要一个总是在身边,能够为自己提供准确建议的、能对焦虑发表客观意见的人。如果有这样的人的话,我们就会感到很安心。

我自己就有多个导师。此外,我通过聚餐等机会结识了各行各业的人,向他们提问并获得意见。

有许多焦虑可以通过获取知识和信息来解决。换句话说,我们可以把焦虑当作一个学习机会。

来自不同角度的建议是有效的

如果可能,我建议在工作场所之外拥有一个导师。因为同处一个行业的话,角度难免相似。但是,行业以外的人则会从不同的角度给我们建议。

例如,假设你和一个圈子里的人谈论"我很担心能否升职"。这个人可能会这样回答:"就算不能升职也没什么关系啊。"假设你和另一个圈子里的人谈论这件事,他可能会这样回答:"如果升职的话就会变得更加忙碌,我更想好好做自己喜欢的事。"

每个人都处在不同的角度，有不同的思维方式，当你与所处角度不同的人交往时，就会注意到自己的固有想法不一定是对的。

即使你目前还没有找到导师，体验一下以前不曾接触过的世界也很重要。例如，尝试在网络上与外国人联系，或者与居住在日本的外国人进行互动，稍微了解一下国外的事物，也会让你的思维更具有灵活性。

除此之外，还有很多可以接触到不同处境的人的机会。去一个平常很少去的街道吃饭，与不同年龄和性别的人交谈。积极创造这样的机会是很不错的想法。

有许多焦虑是可以通过知识和信息来解决的。

在自己的生活圈子以外寻找一位可以咨询化解烦恼和焦虑的导师

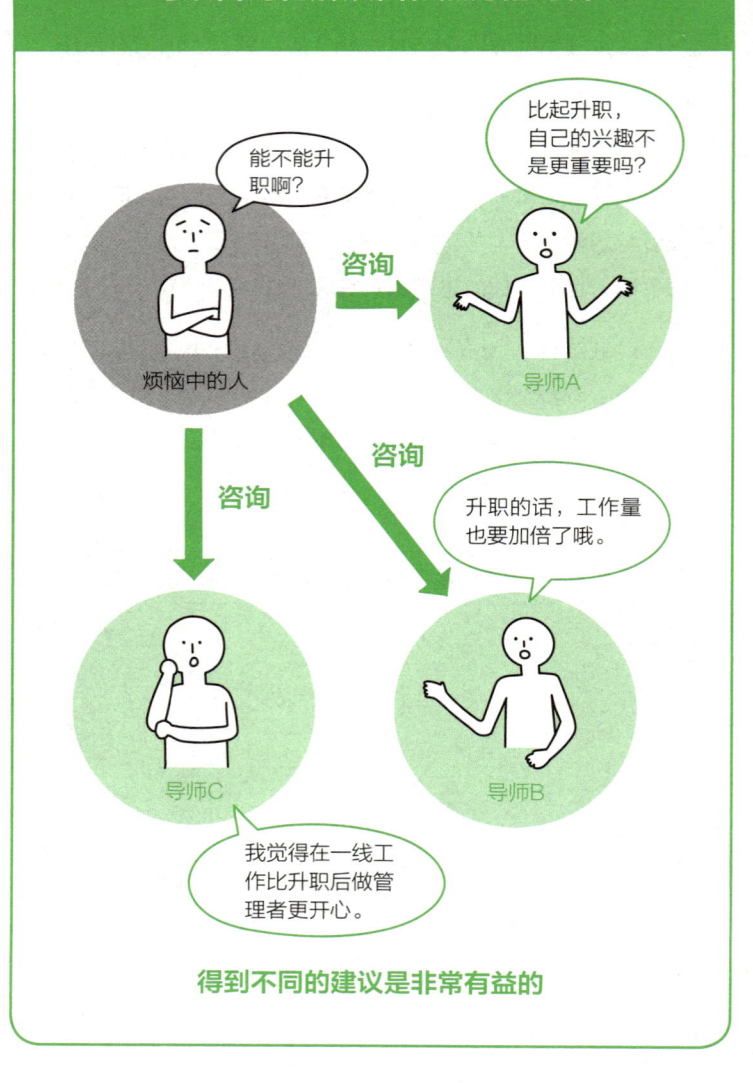

烦恼中的人：能不能升职啊？

咨询 → 导师A：比起升职，自己的兴趣不是更重要吗？

咨询 → 导师B：升职的话，工作量也要加倍了哦。

咨询 → 导师C：我觉得在一线工作比升职后做管理者更开心。

得到不同的建议是非常有益的

8
感到疲惫的时候不要勉强自己，适当休息一下吧

★ 休息两三天往往是最好的药物。
★ 保证充足的睡眠让自己身心放松，做事才会游刃有余。
★ 当人们被告知不要做某事时，反而会更想做那件事。

当状态变得低迷时无论如何都要休息

脑科学研究证明，人缺乏一种叫作"血清素"的神经递质时会增加沮丧感和焦虑感。

为了避免血清素缺乏，你需要获得足够的合成血清素的材料——蛋白质。此外，晒晒太阳，把房间弄得明亮一点，也能促进血清素的分泌。

最重要的还是保证充足的睡眠。人们在精力充沛的

时候可以做出恰当的决定，但当疲惫不堪的时候，则更容易被焦虑左右，无法冷静地做出判断。为了让自己身心健康、精力充沛，充足的睡眠是至关重要的。一天晒30分钟太阳，可以让体内的生物钟重置，让你在夜间睡得更沉，提高睡眠质量。

我建议那些陷入低谷、成绩一落千丈或无法专心学习的学生：暂时不要学习，休息两三天，好好睡一觉。

休息两三天往往是最好的药物。不过，让头脑休息并不等于让身体休息，为了能让心灵得到充分的休息，做一些轻量级的运动更加有效。比如在家附近散散步或者做做自己最喜欢的运动等。如果你注意到自己一直在睡觉，那么一定要有意识地让身体动起来。

休息之后就会想要去做点什么

在森田疗法中，当患者因神经官能症住院时，医生会让他第一周什么都不做，就那么躺着。这一周被称为"绝对卧床期"。

简而言之，这种疗法就是通过一周无所事事，让患者体会一下焦躁着急的自我和焦虑不安的自我有何不同的一种疗法。

你如果一周不做任何事情，可能觉得自己只会想那些让自己焦虑的事。当然，的确是会想两三天。然而，大约一个星期后，你就不会去想它了，只会想做点什么。

人都有这样一种特性，如果什么都不做，就会想要去做点什么。因此，如果你感觉太累了，干脆请一周假好好休息一下，你会有"如获新生"的体验。

> 为了让自己在生活中游刃有余，充足的睡眠至关重要。

疲劳加重时焦虑会升级
这时干脆好好休息一周

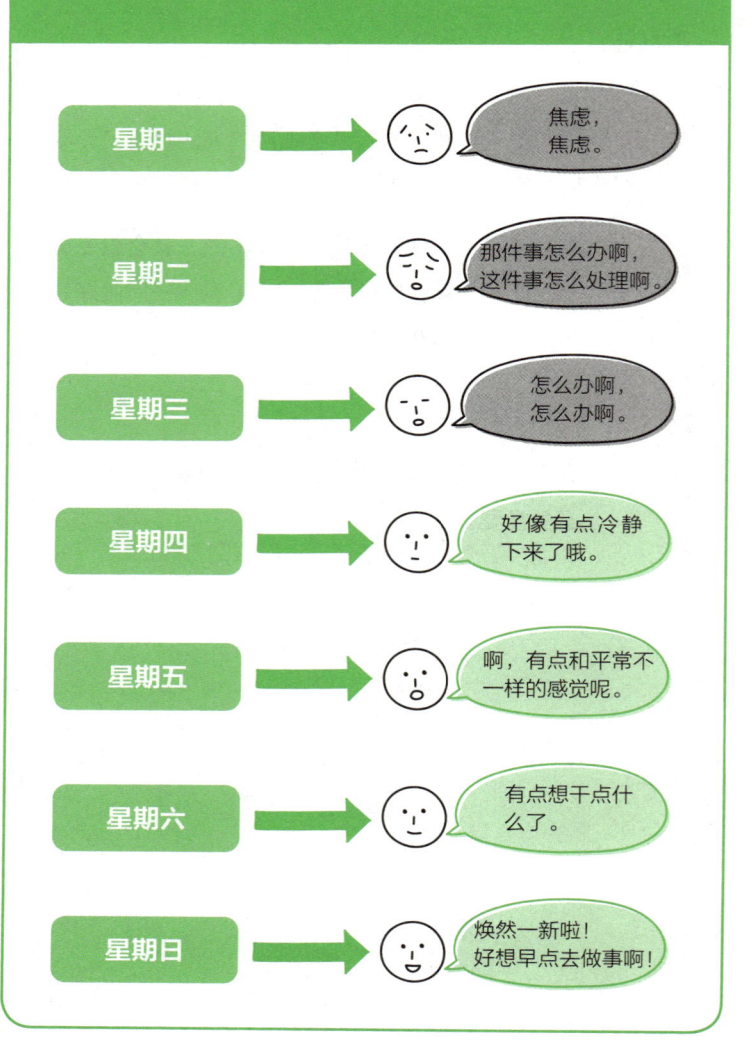

星期一	→	😟	焦虑，焦虑。
星期二	→	😟	那件事怎么办啊，这件事怎么处理啊。
星期三	→	😐	怎么办啊，怎么办啊。
星期四	→	😐	好像有点冷静下来了哦。
星期五	→	😮	啊，有点和平常不一样的感觉呢。
星期六	→	🙂	有点想干点什么了。
星期日	→	😊	焕然一新啦！好想早点去做事啊！

9
接受"焦虑状态的自我", 以自己的真实状态生活

★ 不隐藏焦虑,以自己的真实状态生活。
★ 人类无法随心所欲地控制自己。
★ 如果感到焦虑,不妨试着这样想:我只能接受它。

不隐藏焦虑,以自己的真实状态生活

有一位为交流障碍烦恼的汽车销售员E先生,虽然看上去是个很正常的人,但是只要一和人说话,他立刻就会紧张起来,脸涨得通红,说话也变得结结巴巴的。坦率地说,他给我的第一印象就是此人很难胜任销售的职位。

然而,当我得知E先生业绩时,不由得吃了一惊。他是一名顶级推销员,不仅在公司内,甚至在整个地区内业绩都是首屈一指的。

的确，他有交流障碍这种毛病，但他总是很努力，很真诚。他那种并不高明的说话方式反而赢得了客户的好评并获得了他们的信任。顶尖的推销员中往往会有一些木讷的人，大概他们更能传达诚意吧。相反，如果说太多的话，很容易被人认为你这么能说会道，就是想让人买你的东西罢了。

从这个角度考虑，交流障碍与其说是他的弱点，倒不如说更像是一种武器。

他的这个小故事在如何与焦虑相处方面给了人很大的启示。为了不让别人知道自己的焦虑，有焦虑症的人都在极力掩饰自己的焦虑。

但是殊不知这正是自己在扩大自己的焦虑。

不妨试试不掩饰自己的焦虑，以真实状态示人。如果你能够接纳焦虑的自己，敢以焦虑的状态生活，就能走出焦虑，也就能轻松地生活了。

人类无法随心所欲地控制自己

森田疗法的创始人森田正马对容易害羞脸红的焦虑

症患者说:"请你在我面前害羞脸红一下试试。""快点快点,脸红一个给我看看啊。"然而不管他如何催促,病人的脸色一点也没有发生变化。

于是最后他这样告诉患者:"你想让脸变红,它却不会变红。你想要不脸红,它却会红起来。我们人类是无法随心所欲地控制自己的。"

正如森田所说的那样:并非所有人都能随心所欲地控制自己。正因为如此,如果你感觉焦虑的话,你只要想着"随它去吧"。接受自己本来的样子是应对焦虑的第一步。

没有必要急于掩饰自己的焦虑。

人无法控制一切
只要想着"顺其自然"就好了

有交流障碍的销售员

啊,这个,我该怎么说呢……

虽然他说话方式很糟糕,不过看上去很真诚。

不擅长与人交际的商务人士

……

快点干完活赶紧出去玩吧。

焦虑的家庭主妇

要焦虑就随它去吧。我先运动一下。

10
自己寻找有趣的目标

- ★ 忙碌的时候，停下来回顾一下自己的日常生活。
- ★ 玩得开心时，就会从焦虑的情绪中解脱出来。
- ★ 有远大的目标会丰富你的日常生活。

只要有希望，就会有回报

商务人士F先生在40岁来临之际，突然对未来充满了焦虑。

"我还单身，也没有要成家的打算，公司业绩也不太好。以后我该怎么办呢？"

就在此时，他在杂志上看到了一篇讲述一个以制作皮革工艺品作为副业的人的报道，他说他一下子就被打动了。

"像这样用自己的双手做东西真是太棒了。有一天我也想尝试一下。"

从那以后，他就参加了周六周日开办的皮革工艺班，混在一群年轻人当中学习。下班后，他几乎每天都在做自己的小东西。

F先生的目标是在互联网上销售他的作品。因此，他又开始研究销售网站。然后，他意识到自己在公司的工作经验也可以发挥作用，于是工作也干劲十足。

"我曾经每天都焦虑不安，但是现在当我回想起来的时候，才发现我已经彻底忘记了焦虑这回事。现在我做开店计划时我是最开心的。"

像F先生一样，如果你对未来充满了希望，那么焦虑趁虚而入的余地就变小了。即使你的焦虑没有完全消失，你也拥有了享受生活的能力。

在生活中寻找乐趣

有的人说，我很难找到一个大目标。这样的人，就从日常生活中寻找乐趣开始吧。一个星期应该能找出三件趣事。把这三件充满乐趣的事当作要完成的目标,快乐地度过这一个星期吧。

例如,为了周三准时下班做点不一样的事情,你可以提前预约最喜欢的相声表演的门票,或者开一瓶高级的红酒,沉浸在自己喜欢的模型拼搭之中等,只要是让自己感到开心的事就可以。

当我们终日忙碌时,经常会忘记自己生活中的乐趣是什么。在这种情况下,不妨停下来回顾一下自己的日常生活。

比如喜欢每天早上喝咖啡,每天早上都会看电视新闻,等等,哪怕再小的乐趣都可以。让我们花点工夫来好好享受一下这些小乐趣。比如用奢侈的咖啡豆,用一个高级的咖啡杯,等等。即使感到焦虑,当我们玩得开心时,我们的心灵也会得到释放。

> 只要对未来充满希望,焦虑就会减少。

拥有了能让自己快乐的目标 就没有时间感到焦虑了

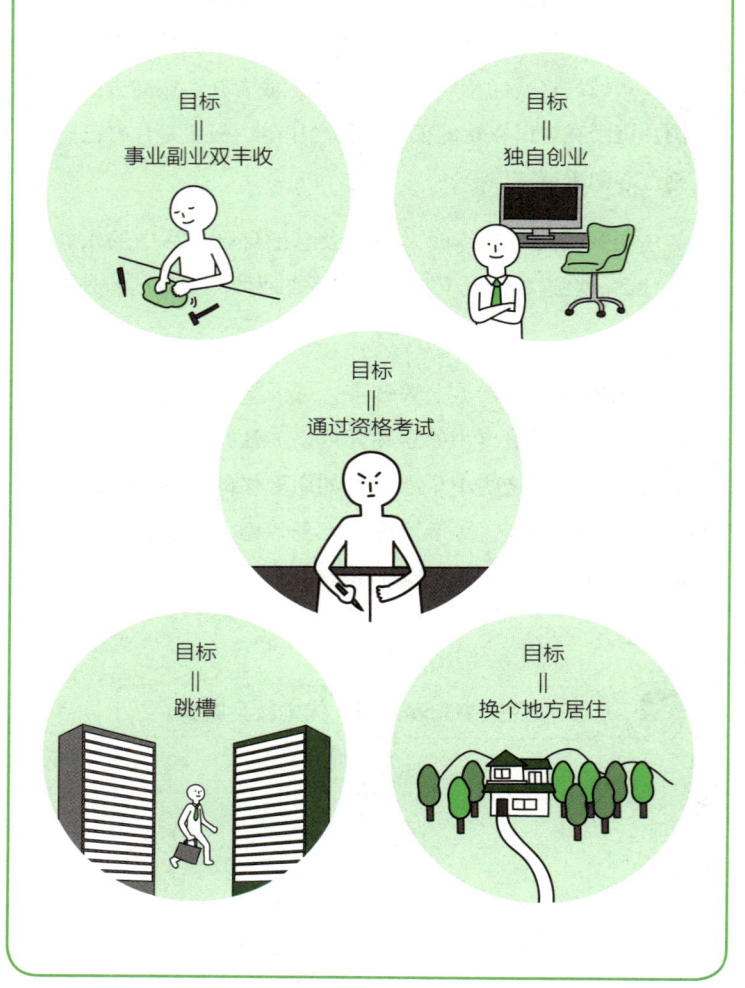

目标
=
事业副业双丰收

目标
=
独自创业

目标
=
通过资格考试

目标
=
跳槽

目标
=
换个地方居住

妥善处理焦虑的训练③

问题1 如果有喜欢的人了该怎么办？

A 选择表白，因为有成功的可能性。

B 选择不表白，因为害怕被拒绝。

问题2 还剩一些琐事没有处理时该怎么做？

A 也不是什么大事，先放一放吧。

B 为了心情舒畅，彻底把它们处理完。

答案　问题1 A 第118页　问题2 B 第126页

问题3　太害怕不合群怎么办？

A 试着和更多的人谈一谈。

B 试着创造一个人独处的时间。

问题4　如何避免被焦虑拖累？

A 拥有更多的容身之处。

B 固守这一个地方。

答案　问题3　B　　问题4　A
第129页　　第133页

问题5　写日记的要点是什么?

A 把"事实"和"想法"区分开来。

B 想到什么就写什么。

问题6　谁活得更轻松愉快?

A 隐藏焦虑,伪装强大。

B 按照自己的真实状态生活。

答案：问题5　A　问题6　B
第140页　第150页

附录

将焦虑转为动力的 16 个小习惯

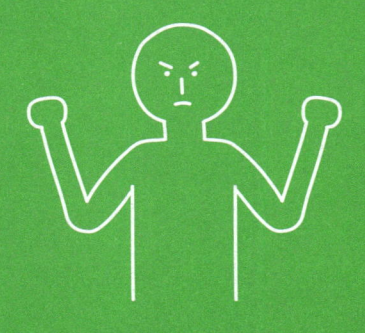

习惯 1
改变"应该是这样的"思维方式

"作为上司应该做下属的榜样"
"应该做到工作和家庭的完美平衡"

人的理想就是投射在这种"应该是这样的"思维方式之上的。然而,理想和现实是有差距的。如果你的"应该思维"太过于强烈,你就会厌恶目前的处境,因为这与你的理想状态相去甚远,你就会为此感到焦虑。

首先,我们不可能完全按照理想状态生活。我们只要在认清现实的基础上,努力地去接近理想就可以了。

> 理想与现实有差距,因此首先认清现实吧。

按照理想的方式生活是很难的

✗ 以"应该思维"来思考

就应该干净利索地完美处理完工作。

一点也不顺利啊……

○ 认清现实

在自己的能力范围内努力工作。

按照这种节奏努力接近理想就好啦。

当你接受现实时,就会迸发出生存的能量

习惯 2
不要被他人的焦虑感染

有积极想法的人周围聚集的都是有积极想法的人，反之，有消极想法的人周围聚集的也都是有消极想法的人。换句话说，思想和情绪是会传染给其他人的。

为了不产生多余的焦虑，远离那些经常焦虑的人很重要。

在职场中不得不彼此发生联系时，即使被对方的焦虑情绪波及，也要选择忽视。遇到这种情况，我们只要想到"你没必要那么焦虑"，然后置之不理即可。

> 请注意，消极的想法和情绪会传染他人。

不与思想负面的人交流

啊！同事们又在一起发牢骚！

遇到思想负面的人时……

我不参与。

不靠近

真倒霉啊。

你没必要这么焦虑。

置之不理

要注意，负面思想是会传染给他人的

习惯 3
不过分解读他人的言论

有些人会对曾经被老板提醒过的事情非常在意,并且一直放在心上,不停地想:"如果再犯这样的错误的话,我在这家公司可能就没有立足之地了。"因此导致焦虑越来越严重。

然而,实际上这只不过是你单方面把一些并不严重的话过分解读了而已,为了猜测这些话背后的"深意",一个人在那里白费力气胡乱猜想。没有必要想得太深,只要按字面理解对方的话就可以了。

> 猜测每句话背后的深意,结果越陷越深,导致焦虑越来越严重。

坦率地接受对方的建议即可

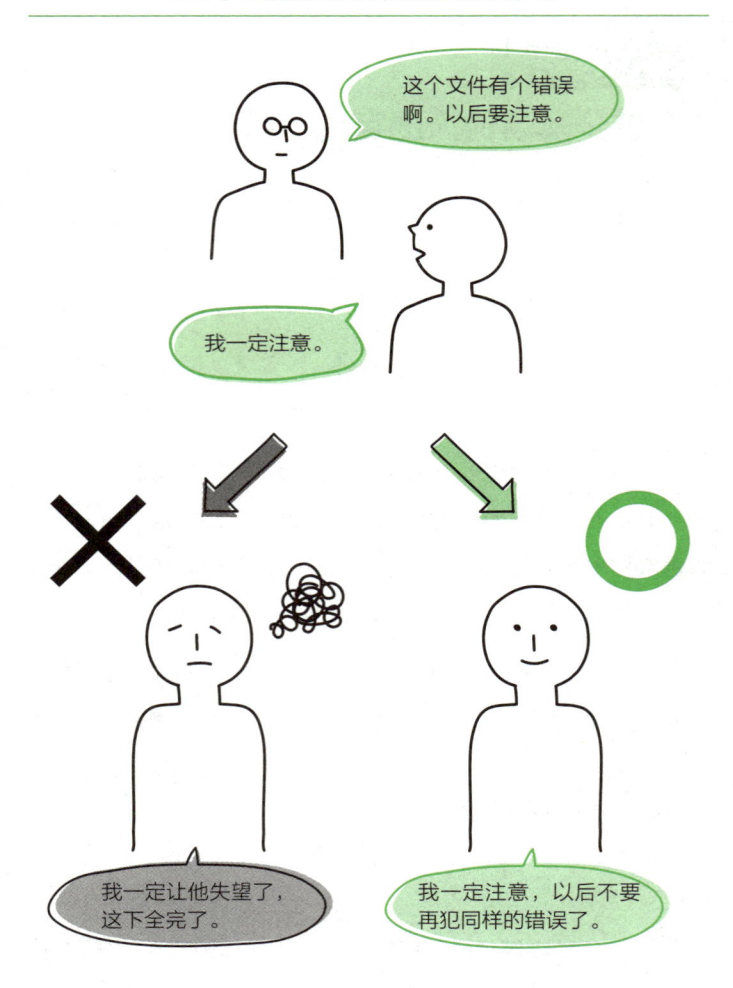

这个文件有个错误啊。以后要注意。

我一定注意。

✗ 我一定让他失望了,这下全完了。

○ 我一定注意,以后不要再犯同样的错误了。

不过分解读对方的话

习惯 4
最好与社交网络保持适当的距离

如果你沉浸于希望别人在社交网络等地方给你"点赞",一旦没有人给你"点赞",你就会陷入焦虑,这就是本末倒置了。

如果一直想着社交网络的事,那将会成为一种心理负担。如果你觉得自己正在被社交网络支配,最好为自己设置一些限制。例如,区别对待,只评论那些和自己关系特别亲近的朋友,其余的都不予理会。只要你说"我最近都没看过",那就没有问题了。

> 如果你觉得社交网络已经成为一种负担,那就为自己设置一些限制吧。

不被社交网络所支配

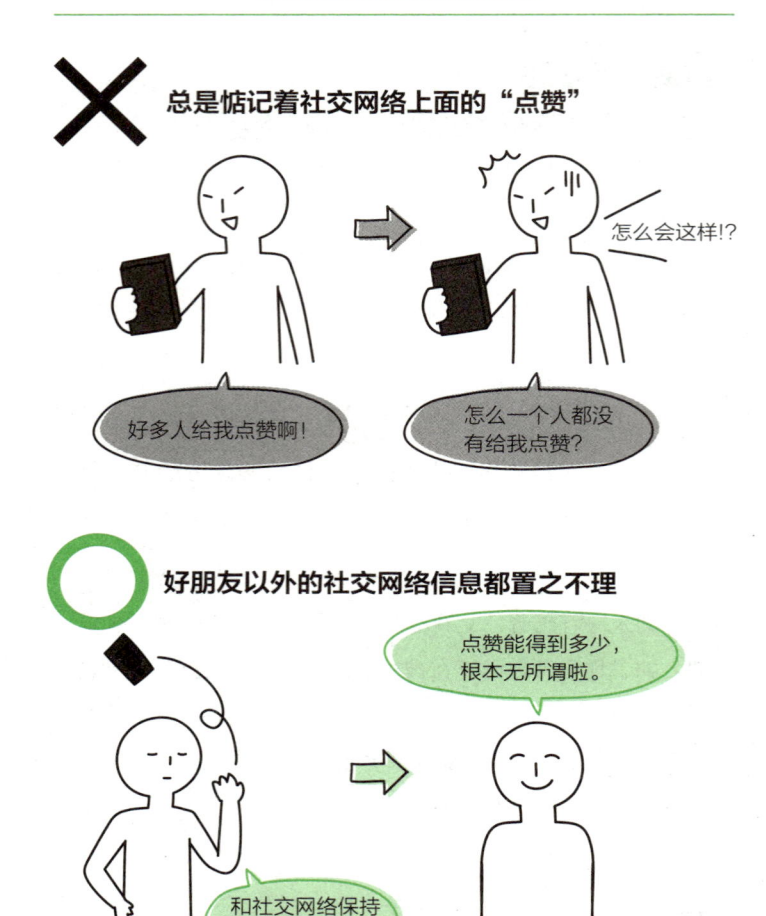

✗ 总是惦记着社交网络上面的"点赞"

好多人给我点赞啊!

怎么会这样!?

怎么一个人都没有给我点赞?

○ 好朋友以外的社交网络信息都置之不理

点赞能得到多少,根本无所谓啦。

和社交网络保持适当的距离。

不过分在意社交网络,与之保持适当距离

习惯 5
向哲学家学习解决问题的方法

海德格尔、萨特、尼采等哲学家对生活中每个人都会烦恼的事情有着同样的担忧,并提出了解决方法。因此,想要得到人生建议,其中一种方法就是阅读一本哲学书籍。

读一本通俗易懂的哲学书,你就会知道哲学家们都有过什么样的烦恼,又给出了什么样的答案。换句话说,哲学书可以作为处理烦恼的参考书。

> 哲学书籍可以作为处理烦恼的参考书。

试着读读哲学书

1 读哲学书

（例）
尼采《查拉图斯特拉如是说》
萨特《存在主义是一种人道主义》
海德格尔《存在与时间》

2 从哲学家那里得到建议

你们能够创造超人。

尼采

3 很容易找到解决烦恼的方法

原来如此。

把那些伟大的哲学家当作自己的老师

习惯 6
要有一个能获得表扬的场所

对于那些总是认为自己什么都做不好而焦虑的人，获得他人的称赞并重拾自信是很重要的。

这类人需要有一个能够得到表扬的地方，比如有共同兴趣爱好的圈子。因为有兴趣所以能够很投入地做，也就比较容易出成绩。如果你在五人制足球队中发挥积极作用，你的队友很高兴地对你说："你真棒！"你的心情肯定会非常好。

受到表扬能够培养自信，也就可以避免被焦虑压垮。

> 被他人表扬可以帮助自己重获自信。

专注于喜欢的事、擅长的事

1 兴趣小组

"你真棒！"

热衷于自己喜欢的事，也就比较容易出成绩。

2 特殊技能

"你的手真巧啊！"

做擅长的事，发挥自己的强项。

增加能够做喜欢的事、擅长的事的场所

习惯 7
学会自己夸赞自己

不仅被别人表扬,经常进行自我表扬也很有效。例如在工作的时候,偶尔停下来,对自己说"我真努力啊""我做得很好",等等,这对提升信心、调节心情的效果是非常明显的。

养成自己夸赞自己的习惯,会让你感觉更好,并会激励你,让你无论做什么事都觉得自己"能够做到"。

如果你继续赞美自己,你的日常生活就会变得很充实。

赞美自己可以让生活变得充实。

停止自责，改为自我表扬吧

工作的时候稍微停一下

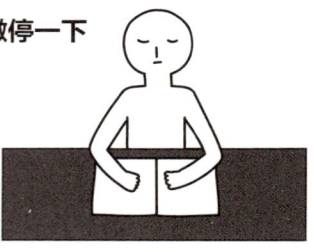

表扬自己说："我真努力啊！"

我真努力啊！

心情变好，更有动力了

学会关注正在努力的自己

习惯 8
要有"不会察言观色也没什么大不了"的觉悟

如果过度担心自己被他人认为是不会察言观色的人,就会增加焦虑。如果总是试图附和大家的意见,就没有办法表达自己的意见。

但是,如果冷静思考一下的话,就会明白所有人都持有相同的意见或者爱好相同是不太可能的事,意见和喜好不同是再正常不过的了。没有人能够被所有人喜欢。因此,你只要这样想就可以了:"就算显得格格不入又有何妨?"

> 人有千万种,意见和喜好各不相同是很正常的事。

敢于坚持自己的意见，不随波逐流

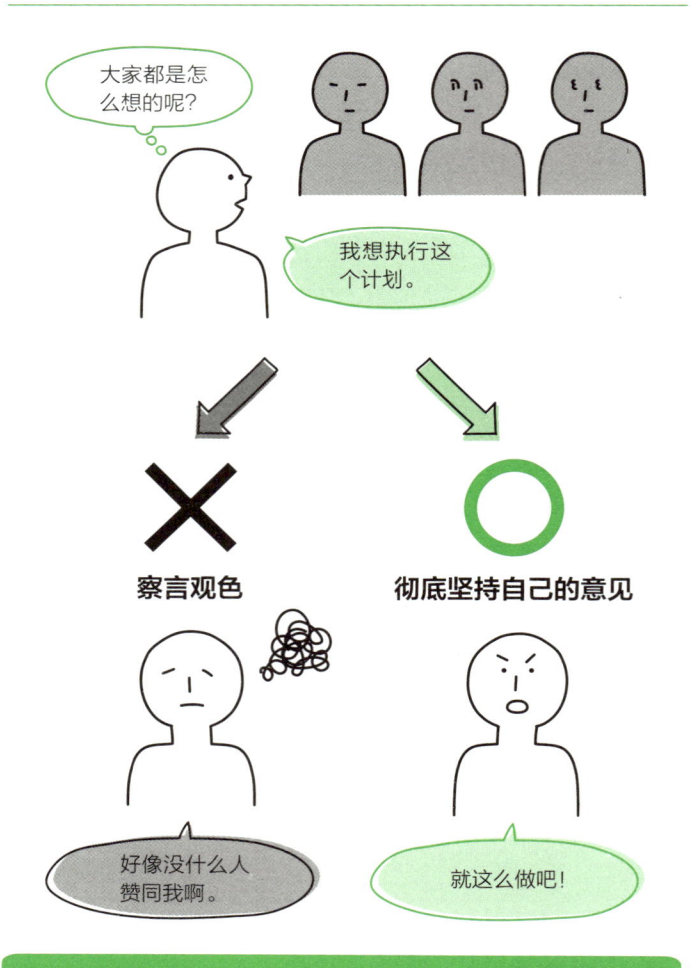

大家都是怎么想的呢？

我想执行这个计划。

✗ 察言观色

好像没什么人赞同我啊。

〇 彻底坚持自己的意见

就这么做吧！

总是想和大家保持一致的话就没办法做自己想做的事了

习惯 9
要有走一步看一步听其自然的想法

当你开始新的挑战之前,你很少能预知自己是否会百分百成功。

与其瞻前顾后,百般焦虑,不如下定决心去做,告诉自己"车到山前必有路"。

即便真的预判错误,很多事情在发生后再处理也是来得及的。让我们在未出现无法挽回的重大风险的情况下,进行一些"听其自然"的小小挑战吧。

> 与其瞻前顾后,百般焦虑,不如去做。至于结果,顺其自然就好。

下定决心行动

一时无法得出结论的事

- 换个工作 ⟷ 继续做这个工作
- 结婚 ⟷ 一个人享受人生
- 搬到郊外去 ⟷ 住在市内
- 把自己的意见告诉上司 ⟷ 什么都不说
- 向喜欢的人表白 ⟷ 放弃表白

⬇

与其瞻前顾后，百般焦虑，不如下定决心行动

选择这边！

就算进行得不顺利，很多事也可以发生后再想对策

习惯 10
试着分散风险,挑战一下

日本麦当劳的创始人藤田田先生说:"当你拥有一笔财富时,把它分成三份,分别投资于不同的生意。"

初次创业通常都会失败。所以,如果第一次创业失败了,就改正错误,再次进行挑战。虽然很有可能这一次仍然不能取得成功,但是此时我们还有一部分资金,还可以进行最后的挑战。如果三次尝试都失败了,那就干脆承认自己没有做生意的潜质,可以放弃了。

> 一开始很可能会失败,所以要分散风险。

不要把鸡蛋都放在一个篮子里

1 把财产分成三份来进行创业

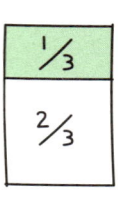

2 如果失败了，就改正错误，再次挑战

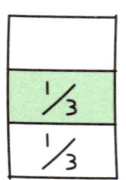

3 如果失败了，就用最后的三分之一来进行最后的挑战

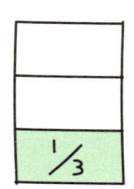

分散风险，可以提高成功的概率

习惯 11
不要盲目相信多数派的方法

孩子的成绩是在责骂声中提高呢,还是在表扬声中会更好呢?实验结果表明,有七成的孩子在受表扬后成绩会更好。因此心理学家说:"经常被表扬的人更容易做出成绩。"

但是,自己的孩子未必属于大多数。因此这种适合大多数人的方法,并不总是对自己的孩子有效。不要过分相信能让很多人都做得很好的方法,尝试不同的方法是很重要的。

> 某种方法即使能让很多人都获得成功,也未必对自己有效。

不要过于相信多数派的方法

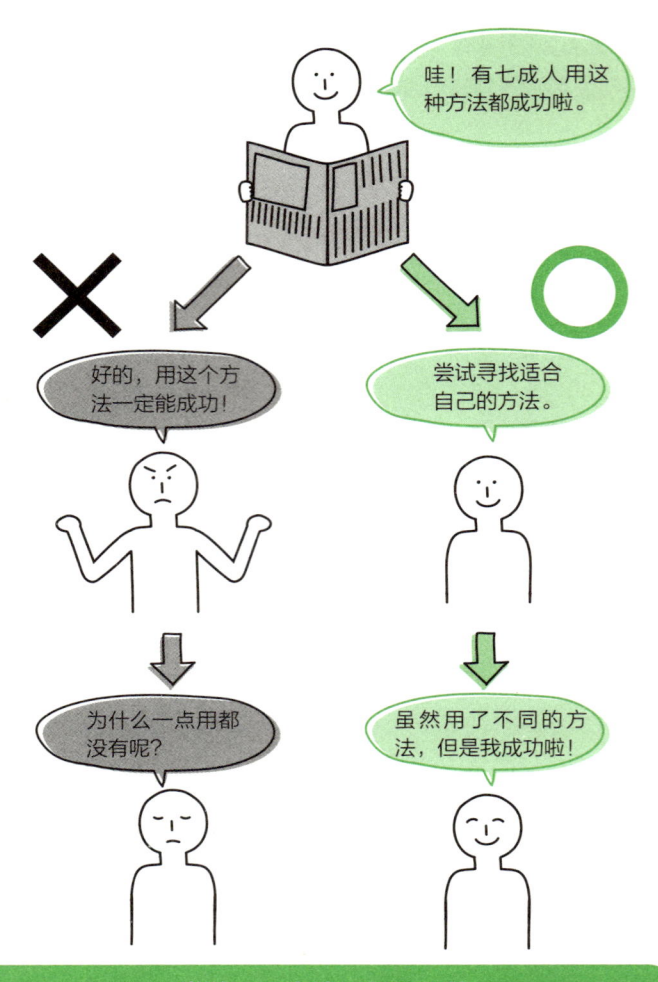

哇！有七成人用这种方法都成功啦。

❌ 好的，用这个方法一定能成功！

⭕ 尝试寻找适合自己的方法。

为什么一点用都没有呢？

虽然用了不同的方法，但是我成功啦！

尝试不同方法是很重要的

习惯 12
要保留足够时间来思考

电信诈骗通过不给受害者任何思考的时间，使之做出错误的决定。如果我们能够留出足够时间从容思考，就能够注意到其中的疑点，并戳穿其谎言，避免上当受骗。

"这个我先带回去研究一下，回头再给你答复"，这样的回答常被批评为"官僚作风"。但是，很多事情不经过实际调查确实无法立刻给出答复。越是重要的事，越需要我们多花时间，慎重地得出结论。

> 越是重要的事，越需要我们多花时间，慎重地得出结论。

给自己留出思考的时间是很重要的

✗ 在焦虑之中立刻做出判断

容易上当受骗

○ 花点时间进行判断

仔细想想的话,有点不对劲儿啊。

最重要的是一定要慎重地得出结论

如果给自己留出足够多的时间,就能正确地进行判断了

习惯 13
模仿那些成功的人

高中二年级之前,我的成绩一直都很差,但是有一天我突然领悟了学习的方法,最终以应届生的身份考上了东京大学。

其实大部分人都是在模仿学长或者学习很好的同学的学习方法。换句话说,如果你想考上东京大学,那么你就可以模仿那些考上东京大学的人的学习方法;如果你想成为社长,那么你就模仿那些成功的社长。如果你对自己的方法感到不放心的话,不妨试着去模仿。

> 通过模仿成功的人来获得成功。

模仿容易获得成功

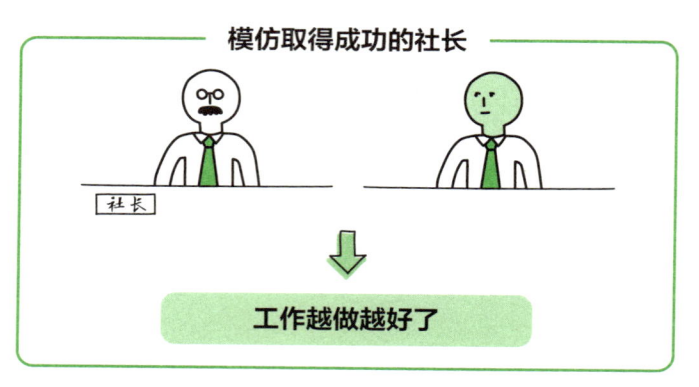

模仿成绩好的人的学习方法

成绩提高了

模仿取得成功的社长

社长

工作越做越好了

不要拘泥于自己的方式,去模仿成功的人吧

习惯 14
从旁观者的角度来看待焦虑

从第三方的角度看待自己,被称为"超认知"。这是一种以自上而下的视角来看待自己的认知。

对于认知焦虑来说,超认知也是非常重要的。

为了让超认知发挥作用,参考过去因为焦虑而导致失败的经历是很有效的。此外,也可以试着想想让你焦虑的事情发生的可能性有多大,如果失败了会怎么样,等等。

> 从旁观者的角度考虑,就能冷静地行动了。

试着以旁观者的角度来看待自己

居高临下地看焦虑中的自己

焦虑啊!

⬇

**可以参考过去的失败经历
思考一下焦虑发生的概率**

⬇

可以冷静地行动了

我要冷静下来!

自上而下地看待自己,就能冷静地进行判断了

习惯 15
试着考虑一下做些什么能让焦虑消失

如果你是容易怯场的人,不要只是担心如果自己总是怯场该怎么办,要试着想一想"怎么做才能不怯场"。

想想自己应该如何与人交往,怎么做才能受大家欢迎,在思考这些事的过程中,就能远离"紧张"的烦恼,你将能够继续向前迈出新的一步。例如考虑一下"如果自己穿一件漂亮点的衣服,可能会给大家留下深刻的印象"。

> 当你开始思考怎么做才能不焦虑的时候,就已经开始远离焦虑了。

试想一下远离焦虑

在人前紧张

⬇

考虑一下"做点什么会让自己不焦虑呢?"

⬇

可以远离"紧张"的烦恼

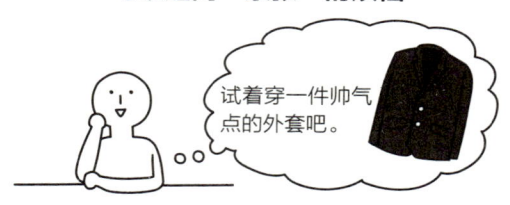

试着穿一件帅气点的外套吧。

> 当你开始想着做点什么让焦虑消失时,
> 就已经迈出新的一步了

习惯 16
试着询问别人对自己的看法和印象

有人不善于通过赞美来取悦别人,他认为这是自己的错。但是,周围的人可能会这样说:"您非常诚实,不说谎,实在是太棒了。"

人往往很难彻底了解自己。所以,不如索性去问问朋友或者熟人。对于那些别人认为是优点或者有魅力的地方,我们就积极地去把它发扬光大,这一点是非常重要的。

> 让我们积极地培养别人认为是优点的那些地方。

试着问别人一些关于自己的问题

自我认知：我不擅长取悦别人

你觉得我这个人怎么样？

你从不说谎，非常正直，是个很棒的人。

自我认知：不敢积极行动

你觉得我有什么优点吗？

你总是非常谨慎，有十足的把握才会采取行动。

通过问别人对自己印象如何，可以发现一些自己不曾注意到的优点

结束语　选择将焦虑转换成动力的生活方式

美国密歇根大学研究小组的一项研究表明，人们为之焦虑的事中有80%实际上并没有发生。换句话说，有80%的焦虑不过是杞人忧天罢了，只有20%的令人焦虑的事实际上发生了。而在发生的这些让人焦虑的事当中，有16%只要你稍有准备就可以处理。也就是说，真正令人焦虑的事只不过4%而已。

无论是从回顾自己生活的切身感受来看，还是从作为精神科医生诊断许多患者的经验来看，我都不认为上述研究是错误的。

我们焦虑的事，实际上很少真的会发生。因此，我们可以积累很多"做起来并不比想的困难"的经验，并去实践领悟，是非常重要的。

例如，假设你的老板总是强迫你做一些与工作无关的杂事，你感到非常困扰。虽然你很想拒绝，又担心如果自己拒绝，可能会被老板批评，甚至很可能会在公司里待不下去。结果越想越焦虑。

但是说不定是这样的：即使你鼓起勇气拒绝了老板的命令，也极有可能什么都不会发生。也许你的老板只不过把这些杂事又交给了另一个下属，或者说不定他自己就把这些事情处理了。

现实就是如此。

我想向那些只知道焦虑，总是想象一些不好的事情的人强烈传达一个观点："你为什么不试着去做一下，然后再考虑呢？"

每个人都不想做某事失败或陷入困境，但没有人可以完全免于失败或困境。并且，出了点问题整个人生就完了的情况也几乎是很少发生的。

此外，森田疗法还有这样一个基本原理，即"改变能改变的，放弃不能改变的"。

人类的焦虑往往会因试图改变无法改变的事情升级。如果是这样，一定要专注于"**能够改变的**"并采取行动。

例如，为自己一紧张就脸红而感到焦虑的人，与其试图治好紧张脸红，倒不如面带微笑，提高自己的谈话技巧。

对于新型冠状病毒肺炎引起的焦虑，只要新感染病例不能立即彻底清零，我们就只能致力于那些可以提升我们身心健康的事，除此之外别无选择。

在这本书中，我说过，在焦虑的背后是"求生的欲望"。焦虑是一种非常人性化的情绪。我们之所以焦虑，是因为我们想要更好地生活，有着向上的志向。

在这里，你是选择为了实现"原始的求生欲望"而不懈努力呢，还是选择逃避呢？这都取决于你自己的判断。

森田说，人类无法通过控制情绪来消除焦虑，但可以控制自己的行为。我们可以根据自己的意愿选择自己的行动。

所以，试着努力去了解你心中的"原始的求生欲望"。然后，想想你应该做些什么来实现你的"原始的求生欲望"，而不是被焦虑左右。

我很担心，在这场疫情中，因为不能与他人交谈，一直封闭在家不能照射到阳光而变得抑郁的人数会增加。事实上，2020年10月日本自杀的人数比上一年同月份多了600多人。

不仅是我，现在世界上很多人每天都生活在焦虑之中。然而，即使在这种情况下，也总有前进的方法。

哪怕前进一点点也无妨，大家都尽可能一起行动起来吧。

衷心希望您可以建设性地满足自己的"原始的生存欲望"，过上美好的生活。

和田秀树

图书在版编目（CIP）数据

突然就不焦虑了 /（日）和田秀树著；凌文桦译. — 成都：天地出版社，2023.2（2024.8重印）
ISBN 978-7-5455-7429-6

Ⅰ.①突… Ⅱ.①和… ②凌… Ⅲ.①焦虑—心理调节—通俗读物 Ⅳ.①B842.6-49

中国版本图书馆CIP数据核字（2022）第211508号

不安に負けない気持ちの整理術 ハンディ版（和田 秀樹）
HUANNIMAKENAI KIMOCHINO SEIRIJYUTSU HANDY VERSION
Copyright © 2020 by Hideki Wada
Illustrations © 2020 Azusa Inobe, Jun Satou （ASLAN Editorial Studio）
Cartoons © 2020 by Yoshimurado
Original Japanese edition published by Discover 21, Inc., Tokyo, Japan
Simplified Chinese edition published by arrangement with Discover 21, Inc. Arranged through Inbooker Cultural Development （Beijing） Co., Ltd.

著作权登记号：图字 21-2022-447

TURAN JIU BU JIAOLÜ LE
突然就不焦虑了

出 品 人	杨　政
作　　者	［日］和田秀树
译　　者	凌文桦
责任编辑	王　絮　高　晶
责任校对	马志侠
封面设计	谈　天
内文排版	麦莫瑞文化
责任印制	王学锋

出版发行	天地出版社 （成都市锦江区三色路238号 邮编：610023） （北京市方庄芳群园3区3号 邮政编码：100078）
网　　址	http://www.tiandiph.com
电子邮箱	tianditg@163.com
经　　销	新华文轩出版传媒股份有限公司

印　　刷	玖龙（天津）印刷有限公司
版　　次	2023年2月第1版
印　　次	2024年8月第5次印刷
开　　本	787mm × 1092mm　1/32
印　　张	7
字　　数	140千字
定　　价	52.00元
书　　号	ISBN 978-7-5455-7429-6

版权所有◆违者必究
咨询电话：（028）86361282（总编室）
购书热线：（010）67693207（营销中心）

如有印装错误，请与本社联系调换。